高等数学
同步训练
（第2版）

上

尹 丽
主 编

史成锴
潘福臣
张 慧
副主编

清華大学出版社
北京

内 容 简 介

　　本书共 7 章,内容包括函数与极限、导数与微分、微分中值定理与导数的应用、不定积分、定积分、定积分的应用和微分方程等与教学内容配套的习题及其详细的解答,每章分为小节习题和总习题两大部分.随后安排三套难度适中的模拟测试,并配有详细的答案及参考解答,可以作为同学们复习、模拟测试的一手资料.在最后,为学有余力的同学设计了一套能力提升题,并给出答案及参考解答.

　　本书既可作为普通高等学校理工类、经管类、农科类本科生的参考资料,也可作为研究生入学考试的研习资料.

图书在版编目(CIP)数据

高等数学同步训练.上/尹丽主编.—2 版.—北京:清华大学出版社,2022.8
ISBN 978-7-302-61378-7

Ⅰ.①高…　Ⅱ.①尹…　Ⅲ.①高等数学—高等学校—习题集　Ⅳ.①O13-44

中国版本图书馆 CIP 数据核字(2022)第 124651 号

责任编辑:刘　颖
封面设计:傅瑞学
责任校对:王淑云
责任印制:刘海龙

出版发行:清华大学出版社
　　　　　网　　　址:http://www.tup.com.cn,http://www.wqbook.com
　　　　　地　　　址:北京清华大学学研大厦 A 座　　　邮　　编:100084
　　　　　社 总 机:010-83470000　　　　　　　　　　邮　　购:010-62786544
　　　　　投稿与读者服务:010-62776969,c-service@tup.tsinghua.edu.cn
　　　　　质量反馈:010-62772015,zhiliang@tup.tsinghua.edu.cn
印 装 者:北京鑫海金澳胶印有限公司
经　　销:全国新华书店
开　　本:185mm×260mm　　印　张:11.5　　　　　　字　　数:278 千字
版　　次:2015 年 8 月第 1 版　2022 年 8 月第 2 版　印　次:2022 年 8 月第 1 次印刷
定　　价:35.00 元

产品编号:096477-01

前　言

　　"高等数学"课程是理工类、经管类、农科类相关专业本科生必修的一门非常重要的基础理论课.这门课程不仅能培养学生的逻辑思维、创新能力、严谨的治学态度以及用数学解决实际问题的功底,还能为学生后续的专业课程学习奠定扎实的数学基础,对学生知识水平的提高和今后自身的发展起到重要的作用.本门课程也是全国硕士研究生入学考试的重要科目.

　　本书旨在通过做题训练提升学生学习"高等数学"课程的兴趣,使他们最终较好地掌握高等数学相关知识并取得良好的考试成绩,同时也希望能辅助增强任课教师的教学效果.编者团队在深入研究教学大纲的前提下,结合多年的教学实践经验,精心安排了适合一般层次学生掌握的练习题,逐题详细认真地给出了解答过程,最终收集整理成书.

　　书中章节的安排与《全国硕士研究生统一招生考试数学考试大纲》中的知识体系一致,一节一练,一章一复习,并且逐题给出详细的解答过程供读者参考.随后安排三套难度适中的模拟题,供读者检验自己的掌握程度.最后,为学有余力的读者设计了能力提升题,引导读者迈向更高的层次.

　　本书不仅是广大学生学习的同步辅导书,教师教学的参考书,也是准备报考硕士研究生的学生的复习书,也能给自学本门课程的读者提供较大的帮助.

　　限于编者水平,书中难免存在错误和不妥之处,恳请广大读者批评指正.

编　者

2022 年 5 月于大连海洋大学

目 录

第 1 章

函数与极限

习题 1-1

一、填空题

1. $|x-2|<3$ 的区间表示为_____.

2. 设 $f(x)$ 的定义域为 $[0,1]$，则 $f(x+a)+f(x-a)$ 的定义域为_____，其中 $a>0$.

3. $y=\dfrac{1}{x^2+2x-3}+\sqrt{9-x^2}$ 的定义域为_____.

4. 设 $f(x)=\begin{cases} |\sin 2x|, & |x|\leqslant \dfrac{\pi}{6}, \\ 0, & |x|>\dfrac{\pi}{6}, \end{cases}$ 则 $f\left(\dfrac{\pi}{6}\right)=$_____，$f\left(-\dfrac{\pi}{12}\right)=$_____；

$f\left(-\dfrac{\pi}{3}\right)=$_____.

5. 设 $f(x)=ax^2+bx+c$，且 $f(-2)=0,f(0)=1,f(1)=5$，则 $f(x)=$_____.

6. 设 $f\left(x+\dfrac{1}{x}\right)=x^2+\dfrac{1}{x^2}$，$g\left(x-\dfrac{1}{x}\right)=x^2+\dfrac{1}{x^2}$，则 $f(x)=$_____，$g(x)=$_____.

7. 设 $f\left(\dfrac{1}{x}\right)=\ln(x+\sqrt{x^2+1})\,(x\neq 0)$，则 $f(x)=$_____.

8. 设 $f(x)=\dfrac{x}{x-1}$，则 $f\left[\dfrac{1}{f(x)-1}\right]=$_____.

9. $f(x)=\arcsin\dfrac{2x}{1+x}+\sqrt{1-x-2x^2}$ 的定义域是_____.

二、选择题

1. 设 $f(x)$ 是定义在 $(-l,l)$ 内的任意函数，则 $\varphi(x)=\dfrac{1}{2}[f(x)+f(-x)]$ 是(　　).

    A. 奇函数　　　　　B. 偶函数　　　　　C. 非奇非偶函数　　　D. 周期函数

2. $\ln(x+\sqrt{1+x^2})$ 是(　　).

    A. 奇函数　　　　　B. 偶函数　　　　　C. 非奇非偶函数　　　D. 有界函数

3. $y=\dfrac{x}{x-1}$ 的反函数是(　　).

    A. $y=\dfrac{x}{x-1}$　　　　B. $y=\dfrac{x-1}{x}$　　　　C. $y=\dfrac{-x}{x-1}$　　　　D. $y=\dfrac{1-x}{x}$

4. 设 $f(x) = \ln \dfrac{1-x}{1+x}$，则 $f(x)$ 的定义域为(　　).

  A. $[-1,1)$ B. $(-1,1]$ C. $(-1,1)$ D. $[-1,1]$

5. 设 $f(x) = \begin{cases} 1, & 0 \leqslant x \leqslant 1, \\ 2, & 1 < x \leqslant 2 \end{cases}$ （$x < 0$ 及 $x > 2$ 无定义），则 $g(x) = f(2x) + f(x-2)$(　　).

  A. 无意义   B. 在 $[0,2]$ 上有意义

  C. 在 $[0,4]$ 上有意义   D. 在 $[2,4]$ 上有意义

三、设 $f(x-2) = \dfrac{2x}{2+x^2}$，试求 $f(x+1) + f(x-1)$.

四、下列函数可以看成由哪些简单函数复合而成？

1. $y = \sqrt{3x-1}$.   2. $y = \sin^2(1+2x)$.

3. $y = (1 + \ln x)^5$.   4. $y = \arctan(e^x)$.

5. $y = \sqrt{\ln \sqrt{x}}$.   6. $y = \ln^2 \arccos(x^3)$.

习题 1-2

一、选择题

1. 下列数列极限存在的有(　　).

    A. $-1,1,-1,1,\cdots$

    B. $\dfrac{3}{2},\dfrac{2}{3},\dfrac{5}{4},\dfrac{4}{5},\cdots$

    C. $f(n)=\begin{cases}\dfrac{n}{1+n}, & n\text{ 为奇数}\\[2mm]\dfrac{n}{1-n}, & n\text{ 为偶数}\end{cases}$

    D. $f(n)=\begin{cases}1+\dfrac{1}{n}, & n\text{ 为奇数}\\[2mm](-1)^{n}, & n\text{ 为偶数}\end{cases}$

2. 下列数列收敛的有(　　).

    A. $0.9,0.99,0.999,0.9999,\cdots$

    B. $f(n)=(-1)^{n}\dfrac{n}{n+1}$

    C. $1,\dfrac{1}{2},1+\dfrac{1}{2},\dfrac{1}{3},1+\dfrac{1}{3},\dfrac{1}{4},1+\dfrac{1}{4},\cdots$

    D. $f(n)=\begin{cases}-\dfrac{2^{n}+1}{2^{n}}, & n\text{ 为奇数}\\[2mm]\dfrac{2^{n}-1}{2^{n}}, & n\text{ 为偶数}\end{cases}$

二、观察数列的变化趋势,写出结果:

1. $\lim\limits_{n\to\infty}\dfrac{1}{2^{n}}=$ _____;

2. $\lim\limits_{n\to\infty}(-1)^{n}\dfrac{1}{n}=$ _____;

3. $\lim\limits_{n\to\infty}\left(2+\dfrac{1}{n^{2}}\right)=$ _____;

4. $\lim\limits_{n\to\infty}\dfrac{n-1}{n+1}=$ _____.

习题 1-3

一、选择题

1. 下列极限正确的有(　　).

    A. $\lim\limits_{x\to 0}e^{\frac{1}{x}}=0$ B. $\lim\limits_{x\to 0^{-}}e^{\frac{1}{x}}=0$ C. $\lim\limits_{x\to 0^{+}}e^{\frac{1}{x}}=0$ D. $\lim\limits_{x\to\infty}e^{\frac{1}{x}}=1$

2. $f(x)$ 在点 $x=x_{0}$ 处有意义,是当 $x\to x_{0}$ 时,$f(x)$ 有极限的(　　).

    A. 必要条件   B. 充分条件   C. 充分必要条件   D. 无关的条件

二、 设 $f(x)=\begin{cases}x, & x<3,\\3x-1, & x\geqslant 3,\end{cases}$ 作 $f(x)$ 的图形,并写出当 $x\to 3$ 时 $f(x)$ 的左右极限.

三、证明：$\lim\limits_{x \to 0} \dfrac{|x|}{x}$ 不存在.

习题 1-4

一、选择题

1. 下列变量在给定变化过程中是无穷大量的有（　　）.

    A. $\dfrac{x^2}{\sqrt{x^3+1}}(x \to +\infty)$ B. $\lg x(x \to 0^+)$

    C. $\lg x(x \to +\infty)$ D. $e^{-\frac{1}{x}}(x \to 0^-)$

    E. $x \sin x(x \to \infty)$

2. 下列变量在给定变化过程中是无穷小量的有（　　）.

    A. $2^{-x}-1(x \to 0)$ B. $2-\dfrac{1}{x}+\dfrac{1}{x^2}(x \to \infty)$

    C. $\dfrac{x^2}{\sqrt{x^3-2x+1}}(x \to +\infty)$ D. $\dfrac{x^2}{x+1}\left(3-\sin\dfrac{1}{x}\right)(x \to 0)$

3. 当 $x \to a$ 时，$f(x)$ 是（　　），则必有 $\lim\limits_{x \to a}(x-a)f(x)=0$.

    A. 任意函数   B. 周期函数   C. 有界函数   D. 无穷大量

二、两个无穷小的商是否一定为无穷小？请举例说明.

习题 1-5

一、计算下列极限

1. $\lim\limits_{x\to 1}\dfrac{x^2-1}{2x^2-x-1}$.

2. $\lim\limits_{h\to 0}\dfrac{(x+h)^3-x^3}{h}$.

3. $\lim\limits_{x\to 1}\dfrac{x^3-1}{x-1}$.

4. $\lim\limits_{x\to \infty}\dfrac{1000x}{x^2+1}$.

5. $\lim\limits_{x\to +\infty}\left(2+\dfrac{1}{x}\right)\left(3-\dfrac{1}{x^2}\right)$.

6. $\lim\limits_{x\to \infty}\dfrac{(2x-1)^{30}(3x-2)^{20}}{(2x+1)^{50}}$.

7. $\lim\limits_{n\to \infty}\left(1+\dfrac{1}{2}+\dfrac{1}{4}+\cdots+\dfrac{1}{2^n}\right)$.

8. $\lim\limits_{x\to 1}\left(\dfrac{3}{1-x^3}-\dfrac{1}{1-x}\right)$.

9. $\lim\limits_{x \to 0} x \cdot \sin \dfrac{1}{x}$.

10. $\lim\limits_{x \to \infty} \dfrac{\arctan x}{x}$.

二、若 $\lim\limits_{x \to \infty} \left(\dfrac{x^2+1}{x+1} - ax - b \right) = 0$,求 a, b 的值.

三、求函数表达式并作图形 $f(x) = \lim\limits_{n \to \infty} \dfrac{x^{2n}-1}{x^{2n}+1} x$.

四、指出下列运算中的错误,并给出正确方法.

1. $\lim\limits_{x \to 2} \left(\dfrac{1}{x-2} - \dfrac{4}{x^2-4} \right) = \lim\limits_{x \to 2} \dfrac{1}{x-2} - \lim\limits_{x \to 2} \dfrac{4}{x^2-4} = \infty - \infty = 0$.

2. $\lim\limits_{x\to 1}\dfrac{x}{x-1}=\dfrac{\lim\limits_{x\to 1}x}{\lim\limits_{x\to 1}(x-1)}=\dfrac{1}{0}=\infty.$

3. $\lim\limits_{x\to 0}x^2\sin\dfrac{1}{x}=\lim\limits_{x\to 0}x^2\lim\limits_{x\to 0}\sin\dfrac{1}{x}=0\cdot\lim\limits_{x\to 0}\sin\dfrac{1}{x}=0.$

4. $\lim\limits_{n\to\infty}\left(\dfrac{1}{n^2}+\dfrac{2}{n^2}+\cdots+\dfrac{n-1}{n^2}\right)=\lim\limits_{n\to\infty}\dfrac{1}{n^2}+\lim\limits_{n\to\infty}\dfrac{2}{n^2}+\cdots+\lim\limits_{n\to\infty}\dfrac{n-1}{n^2}=0+0+\cdots+0=0.$

习题 **1-6**

一、求下列极限

1. $\lim\limits_{x\to 0}\dfrac{x-\sin x}{x+\sin x}.$

2. $\lim\limits_{x\to 0}\dfrac{2\arcsin x}{3x}.$

3. $\lim\limits_{x \to 0} \dfrac{\tan 5x}{x}$.

4. $\lim\limits_{n \to \infty} \dfrac{\sin x}{2^n \sin \dfrac{x}{2^n}} \ (x \neq 0)$.

二、求下列极限

1. $\lim\limits_{x \to \infty} \left(1 - \dfrac{1}{x}\right)^{2x}$.

2. $\lim\limits_{x \to \infty} \left(\dfrac{x-1}{x+1}\right)^{x}$.

3. $\lim\limits_{x \to 0} (1-x)^{\frac{1}{x}}$.

三、利用极限存在准则证明

1. $\lim\limits_{n \to \infty} \sqrt{1 + \dfrac{1}{n}} = 1$.

2. $\lim_{n \to \infty} \left(\dfrac{1}{\sqrt{n^2+1}} + \dfrac{1}{\sqrt{n^2+2}} + \cdots + \dfrac{1}{\sqrt{n^2+n}} \right) = 1.$

四、解答下列问题

1. 设 $f(x) = x - \lim\limits_{x \to 1} f(x)$，且 $\lim\limits_{x \to 1} f(x)$ 存在，求 $\lim\limits_{x \to 1} f(x)$.

2. $\lim\limits_{x \to \infty} \left(\dfrac{x-c}{x+c} \right)^x = 2$，求常数 c.

习题 1-7

一、选择题

1. 当 $x \to 0^+$ 时，( ) 与 x 是等价无穷小量.

    A. $\dfrac{\sin x}{\sqrt{x}}$ B. $\ln(1+x)$ C. $\sqrt{1+x} - \sqrt{1-x}$ D. $x^2(x+1)$

2. 当 $x \to \infty$ 时，若 $\dfrac{1}{ax^2+bx+c} \sim \dfrac{1}{x+1}$，则 a,b,c 之值一定为( ).

    A. $a=0, b=1, c=1$ B. $a=0, b=1, c$ 为任意常数

    C. $a=0, b, c$ 为任意常数   D. a, b, c 均为任意常数

3. 当 $x \to \infty$ 时，若 $\dfrac{1}{ax^2+bx+c} = o\left(\dfrac{1}{x+1}\right)$，则 a,b,c 之值一定为（　　）.

    A. $a=0, b=1, c=1$ B. $a \neq 0, b \neq 1, c$ 为任意常数

    C. $a \neq 0, b, c$ 为任意常数   D. a, b, c 均为任意常数

二、当 $x \to 0$ 时，下列无穷小量与 x 相比是高阶、低阶、同阶还是等价无穷小量，为什么？

    1. $x+\sin(x^2)$.   2. $\sqrt[3]{x^2}$.

    3. $\dfrac{(x+1)x}{4+\sqrt[3]{x}}$.   4. $\tan x - \sin x$.

三、证明：当 $x \to 0$ 时，$\sqrt{4+x}-2$ 与 $\sqrt{9+x}-3$ 是同阶无穷小量.

四、证明：$\sqrt{1+x}-1 \sim \dfrac{x}{2}(x \to 0)$.

习题 **1-8**

一、选择题

$f(x)$在点$x=x_0$处有定义，是$f(x)$在$x=x_0$处连续的(   ).

A. 必要条件   B. 充分条件   C. 充要条件   D. 无关的条件

二、判断下列函数$f(x)$在$x=0$处是否连续?

1. $f(x)=\begin{cases} x^2\sin\dfrac{1}{x}, & x\neq 0, \\ 0, & x=0. \end{cases}$ (   )   2. $f(x)=\begin{cases} e^{-\frac{1}{x^2}}, & x\neq 0, \\ 0, & x=0. \end{cases}$ (   )

3. $f(x)=\begin{cases} \dfrac{\sin x}{|x|}, & x\neq 0, \\ 1, & x=0. \end{cases}$ (   )   4. $f(x)=\begin{cases} e^x, & x\leqslant 0, \\ \dfrac{\sin x}{x}, & x>0. \end{cases}$ (   )

三、设$f(x)=\sin x \cdot \cos\dfrac{1}{x}$，给$f(0)$补充定义一个什么数值，能使$f(x)$在点$x=0$处连续.

四、设$f(x)=\begin{cases} \dfrac{\sin 2x}{x}, & x<0, \\ 3x^2-2x+k, & x\geqslant 0, \end{cases}$问当$k$为何值时,函数$f(x)$在其定义域内连续?

五、求下列函数的间断点,并判别其类型:

1. $y = \dfrac{x^2 - 1}{x^2 - 3x + 2}$.

2. $y = \begin{cases} 0, & x < 1, \\ 2x + 1, & 1 \leq x < 2, \\ 1 + x^2, & 2 \leq x. \end{cases}$

习题 1-9

一、求 $f(x) = \dfrac{x^3 + 3x^2 - x - 3}{x^2 + x - 6}$ 的连续区间,并求下列极限:

(1) $\lim\limits_{x \to 0} f(x)$;　　　　　(2) $\lim\limits_{x \to -3} f(x)$;　　　　　(3) $\lim\limits_{x \to 2} f(x)$.

二、求下列极限

1. $\lim\limits_{x \to 0} \ln \dfrac{\sin x}{x}$.

2. $\lim\limits_{x \to \infty} \left(1 + \dfrac{1}{x}\right)^{\frac{x}{2}}$.

三、设 $f(x) = \begin{cases} \dfrac{\cos x}{x+2}, & x \geqslant 0, \\ \dfrac{\sqrt{a} - \sqrt{a-x}}{x}, & x < 0, \end{cases}$ $a > 0.$

（1）当 a 为何值时，$x = 0$ 是 $f(x)$ 的连续点？

（2）当 a 为何值时，$x = 0$ 是 $f(x)$ 的间断点？是何种类型的间断点？

习题 1-10

一、选择题

当 $|x| < 1$ 时，$y = \sqrt{1 - x^2}$（   ）.

A. 是连续函数

B. 是有界函数

C. 有最大值与最小值

D. 有最大值无最小值

二、证明曲线 $y = x^4 - 3x^2 + 7x - 10$ 在 $x = 1$ 与 $x = 2$ 之间至少与 x 轴有一个交点.

三、设 $f(x) = e^x - 2$，求证在区间 $(0, 2)$ 内至少有一点 x_0，使 $e^{x_0} - 2 = x_0$.

总习题 1

一、填空题

1. 若 $\lim\limits_{x \to x_0} \phi(x) = a$，则 $\lim\limits_{x \to x_0} e^{\phi(x)} = $ _____.

2. $x = 0$ 是 $f(x) = \dfrac{\sin x}{x}$ 的 _____ 间断点.

3. $f(x) = \sqrt{x^2 - 3x + 2}$ 的连续区间是 _____.

4. 若 $f(x) = \dfrac{e^{-x} - 1}{e^{-x} + 1}$，则 $f(-x) = $ _____ $f(x)$.

5. 当 $x \to 0$ 时，$\sec x - 1$ 与 $\dfrac{x^2}{2}$，$\sin^3 5x$ 与 $\tan x - \sin x$ 的关系分别为 _____，_____.

二、选择题

1. 当 $0 < x < 1$ 时，$f(x) = \dfrac{1}{x}$（   ）.

   A. 有最大值与最小值   B. 有最大值无最小值
   C. 有最小值无最大值   D. 无最小值无最大值

2. $f(x) = 3^{\frac{1}{x}}$ 在 $x = 0$ 处（   ）.

   A. 有定义   B. 极限存在   C. 左极限存在   D. 右极限存在

3. 设 $f(x) = \begin{cases} \dfrac{|x^2 - 1|}{x - 1}, & x \neq 1 \\ 2, & x = 1, \end{cases}$ 则在点 $x = 1$ 处函数 $f(x)$（   ）.

   A. 左右极限存在但不连续   B. 连续
   C. 左极限存在右极限不存在   D. 左、右极限均不存在

4. 设 $f(x) = \begin{cases} a + bx^2, & x \leqslant 0, \\ \dfrac{\sin bx}{x}, & x > 0 \end{cases}$ 在点 $x = 0$ 连续，则常数 a 与 b 应满足关系（   ）.

   A. $a > b$ B. $a < b$ C. $a = b$ D. $a \neq b$

三、设 $\varphi(x + 1) = \begin{cases} x^2, & 0 \leqslant x \leqslant 1, \\ 2x, & 1 < x \leqslant 2, \end{cases}$ 求 $\varphi(x)$.

四、若 $\lim\limits_{x\to 1}\dfrac{x^2+ax+b}{1-x}=5$，求 a,b.

五、已知 $f(x)=\dfrac{px^2-2}{x^2+1}+3qx+5$，当 $x\to\infty$ 时，p,q 取何值，$f(x)$ 为无穷小量？p,q 取何值，$f(x)$ 为无穷大量？

六、求下列极限

1. $\lim\limits_{x\to 0}\dfrac{\sqrt{x+4}-2}{\sin x}$.

2. $\lim\limits_{x\to 0}\dfrac{\ln(1+2x)}{\sin 3x}$.

3. $\lim\limits_{n\to\infty}n[\ln(n+2)-\ln n]$.

4. $\lim\limits_{x\to 0}\dfrac{\ln(1+x^2)}{\sin(1+x^2)}$.

5. $\lim\limits_{x \to +\infty} x(\sqrt{x^2+1} - x)$.

6. $\lim\limits_{x \to 0} \dfrac{\sqrt{1+\tan x} - \sqrt{1+\sin x}}{x^3}$.

七、证明题

设 $f(x)$ 在 $[0,1]$ 上连续且 $0 < f(x) < 1$，证明在 $(0,1)$ 内至少有一点 c 使 $f(c) = c$.

第 2 章

导数与微分

习题 2-1

一、填空题

1. 若直线 $y=2x+b$ 是抛物线 $y=x^2$ 在某点处的法线,则 $b=$ _____.

2. 将一物体垂直上抛,其上升高度与时间的关系为 $s(t)=3t-\dfrac{1}{2}gt^2$,问物体在时间间隔 $[t_0,t_0+\Delta t]$ 的平均速度 _____,t_0 时刻的即时速度 _____,到达最高点的时刻 _____.

二、选择题

1. 设 $f(x)$ 可导,且下列各极限均存在,则( )成立.

    A. $\lim\limits_{x\to 0}\dfrac{f(x)-f(0)}{x}=f'(0)$ B. $\lim\limits_{h\to 0}\dfrac{f(a+2h)-f(a)}{h}=f'(a)$

    C. $\lim\limits_{\Delta x\to 0}\dfrac{f(x_0)-f(x_0-\Delta x)}{\Delta x}=f'(x_0)$ D. $\lim\limits_{\Delta x\to 0}\dfrac{f(x_0+\Delta x)-f(x_0-\Delta x)}{2\Delta x}=f'(x_0)$

2. 若 $\lim\limits_{x\to a}\dfrac{f(x)-f(a)}{x-a}=A$,$A$ 为常数,则有( ).

    A. $f(x)$ 在点 $x=a$ 处可导   B. $f(x)$ 在点 $x=a$ 处连续

    C. $\lim\limits_{x\to a}f(x)$ 存在   D. $f(x)-f(a)=A(x-a)+o(x-a)$

3. $f(x)=\begin{cases}1, & x<0, \\ 1-x^2, & 0\leqslant x<1, \\ x-1, & 1\leqslant x,\end{cases}$ 则( ).

    A. 在点 $x=0$ 处可导   B. 在点 $x=0$ 处不可导

    C. 在点 $x=1$ 处可导   D. 在点 $x=1$ 处不可导

三、求下列函数的导数

1. $y=\dfrac{1}{\sqrt{x}}$.   2. $y=x^3\cdot\sqrt[5]{x}$.

四、求在抛物线 $y = x^2$ 上点 $x = 3$ 处的切线方程与法线方程.

五、讨论函数 $y = x|x|$ 在点 $x = 0$ 处的可导性.

习题 2-2

一、填空题

1. $y = 2\sqrt{x} - \dfrac{1}{x} + \sqrt[4]{3}$，$y' = $ _____．   2. $y = 3\sqrt[3]{x^2} - \dfrac{1}{x^3} + \cos\dfrac{\pi}{3}$，$y' = $ _____．

3. $y = x\ln x$，$y' = $ _____．   4. $y = \dfrac{\sin x}{1 + \cos x}$，$y' = $ _____．

二、选择题

1. $g(x)$ 在 $x = 0$ 处连续，$f(x) = xg(x)$，(   )．

    A. $f(x)$ 在 $x = 0$ 处连续，但不一定可导

    B. 当 $g(x)$ 在 $x = 0$ 处可导时，$f(x)$ 在 $x = 0$ 处才可导

    C. $f(x)$ 在 $x = 0$ 处可导且 $f'(0) = g(0)$ 可由导数定义求出

    D. $f(x)$ 在 $x = 0$ 处可导且 $f'(0) = g(0)$ 可由乘积求导法则求出

2. 下列函数中(   )的导数等于 $\dfrac{1}{2}\sin 2x$．

    A. $\dfrac{1}{2}\sin^2 x$ B. $\dfrac{1}{4}\cos 2x$ C. $-\dfrac{1}{2}\cos^2 x$ D. $1 - \dfrac{1}{4}\cos 2x$

3. 设对任意 x，都有 $f(-x) = -f(x)$，$f'(-x_0) = -k \neq 0$，则 $f'(x_0) = ($)．

    A. k B. $-k$ C. $\dfrac{1}{k}$ D. $-\dfrac{1}{k}$

三、计算题

1. $y = x(2x-1)(3x+2)$，求 y'.

2. $y = x\tan x + \cot x$，求 y'.

3. $y = \ln x \log_a x - \ln a \log_a x$，求 y'.

4. $f(t) = \dfrac{1-\sqrt{t}}{1+\sqrt{t}}$，求 $f'(4)$.

5. $y = (1+x^3)\left(5-\dfrac{1}{x^2}\right)$，求 $y'|_{x=1}$ 和 $y'|_{x=a}$ $(a \neq 0)$.

四、求下列函数的导数

1. $y = (x^3-x)^6$.

2. $y = \sin^2(2x-1)$.

3. $y = (\ln x^2)^3$.

4. $y = \sqrt{x + \sqrt{x + \sqrt{x}}}$.

5. $y = \ln\tan x$.

6. $y = \sin[\cos^2(x^3)]$.

五、求下列函数的导数

1. $y = \arcsin(1 - 2x)$.

2. $y = \arctan(1 + x^2)$.

3. $y = a^{\arctan\sqrt{x}}$.

4. $y = \dfrac{\arccos x}{\sqrt{1 - x^2}}$.

5. $y = \arcsin(1-x) + \sqrt{2x - x^2}$.

6. $y = x\arcsin\dfrac{x}{2} + \sqrt{4 - x^2}$.

7. $y = f(e^x)$，设 $f'(x)$ 存在.

8. $y = f(\sin^3 x)$，设 $f'(x)$ 存在.

9. $y = \cosh(\sinh x)$.

10. $y = \sinh x \cdot e^{\cosh x}$.

六、一质点沿直线运动、运动方程为 $S = \dfrac{1}{4}t^4 - 4t^3 + 16t^2$（路程 S 单位为 m，时间 t 单位为 s），问何时速度为零？

七、设曲线 $y = x^2 + 5x + 4$，选择 b，使直线 $y = 3x + b$ 为曲线的切线.

习题 2-3

一、选择题

1. 已知 $y = \sin x$，则 $y^{(10)} = ($ $)$.

     A. $\sin x$ B. $\cos x$ C. $-\sin x$ D. $-\cos x$

2. 已知 $y = x \ln x$，则 $y^{(10)} = ($ $)$.

     A. $-\dfrac{1}{x^9}$ B. $\dfrac{1}{x^9}$ C. $\dfrac{8!}{x^9}$ D. $-\dfrac{8!}{x^9}$

3. 已知 $y = \mathrm{e}^{f(x)}$，且 $f''(x)$ 存在，则 $y'' = ($ $)$.

     A. $\mathrm{e}^{f(x)}$ B. $\mathrm{e}^{f(x)} f''(x)$

     C. $\mathrm{e}^{f(x)} \left[f'(x) - f''(x) \right]$ D. $\mathrm{e}^{f(x)} \left\{ \left[f'(x) \right]^2 + f''(x) \right\}$

二、求下列函数的二阶导数

1. $y = \mathrm{e}^{2x-1}$.

2. $y = x \ln(x + \sqrt{x^2 + a^2}) - \sqrt{x^2 + a^2}$.

三、一质点按规律 $s = \dfrac{1}{2}(\mathrm{e}^t - \mathrm{e}^{-t})$ 作直线运动，求证它的加速度 a 等于 s.

四、求下列函数的 n 阶导数

1. $y = \dfrac{1-x}{1+x}$，求 $y^{(n)}$.

2. $f(x) = \ln \dfrac{1}{1-x}$，求 $f^{(n)}(0)$.

习题 2-4

一、求下列隐函数的导数 $\dfrac{\mathrm{d}y}{\mathrm{d}x}$

1. $x^2 - y^2 = xy$.

2. $\arctan \dfrac{y}{x} = \ln \sqrt{x^2 + y^2}$.

3. $xy + \ln y = 1$.

二、求下列隐函数的二阶导数 $\dfrac{\mathrm{d}^2 y}{\mathrm{d}x^2}$

1. $y = 1 + x\mathrm{e}^y$.

2. $x = y + \arctan y$.

三、用对数求导法求下列函数的导数

1. $y = \dfrac{\sqrt{x+2}\,(3-x)^4}{(x+1)^5}$.

2. $y = \sqrt{\dfrac{x(x^2+1)}{(x^2-1)^2}}$.

3. $y=(\sin x)^{\cos x} (\sin x > 0)$.

四、求下列参数方程所确定函数的导数 $\dfrac{\mathrm{d}y}{\mathrm{d}x}$

1. $\begin{cases} x=\dfrac{1}{t+1}, \\ y=\dfrac{t}{(t+1)^2}. \end{cases}$
　　　　　　
2. $\begin{cases} x=a\,\cos^3 t, \\ y=b\,\sin^3 t. \end{cases}$

五、求下列参数方程所确定函数的二阶导数 $\dfrac{\mathrm{d}^2 y}{\mathrm{d}x^2}$

1. $\begin{cases} x=\arctan t, \\ y=\ln(1+t^2). \end{cases}$
　　　　　　
2. $\begin{cases} x=\ln t, \\ y=\dfrac{1}{1-t}. \end{cases}$

习题 2-5

一、选择题

1. 设函数 $f(x)$ 在点 x_0 及其邻域内有定义,且有 $f(x_0+\Delta x)-f(x_0)=a\cdot\Delta x+b(\Delta x)^2$,$a$,$b$ 为常数,则(　　).

A. $f(x)$ 在点 $x=x_0$ 处连续

B. $f(x)$ 在点 $x=x_0$ 处可导且 $f'(x_0)=a$

C. $f(x)$在点 $x=x_0$ 处可微且 $\mathrm{d}f(x)|_{x=x_0}=a\,\mathrm{d}x$

D. $f(x_0+\Delta x)\approx f(x_0)+a\Delta x$（当$|\Delta x|$充分小时）

2. 函数 $f(x)=\begin{cases} x, & x<0, \\ x\mathrm{e}^x, & x\geqslant 0 \end{cases}$ 在 $x=0$ 处（　　）.

A. 连续　　　　　　B. 可导　　　　　　C. 可微　　　　　　D. 连续,不可导

3. 若 $f(u)$可导,且 $y=f(\mathrm{e}^x)$,则有（　　）.

A. $\mathrm{d}y=f'(\mathrm{e}^x)\mathrm{d}x$　　　　　　　　B. $\mathrm{d}y=f'(\mathrm{e}^x)\mathrm{d}\mathrm{e}^x$

C. $\mathrm{d}y=[f(\mathrm{e}^x)]\mathrm{d}\mathrm{e}^x$　　　　　　　　D. $\mathrm{d}y=f'(\mathrm{e}^x)\mathrm{e}^x\mathrm{d}x$

二、填空题

试在括号内填入适当的函数使等式成立.

(1) $\mathrm{d}($ 　　　　　　　　 $)=(ax^2+hx+e)\mathrm{d}x$;

(2) $\mathrm{d}($ 　　　　　　　　 $)=2\sin x\cdot\cos x\,\mathrm{d}x$;

(3) $\mathrm{d}($ 　　　　　　　　 $)=\dfrac{2\arcsin x}{\sqrt{1-x^2}}\mathrm{d}x$;

(4) $\mathrm{d}(\sin^2(\tan x))=($ 　　　　　　　　 $)\mathrm{d}(\tan x)$;

(5) $\mathrm{d}(\ln(1+2\cos x))=($ 　　　　　　　　 $)\mathrm{d}(x^2)$.

三、设 $y=\arctan\left(\dfrac{5}{3}\tan\dfrac{x}{2}\right)$,求 $\mathrm{d}y$.

四、求下列函数的微分

1. $y=\sin 2x$.　　　　　　　　　　　2. $y=\arcsin\sqrt{1-x^2}$.

总习题 2

一、填空题

1. 曲线 $y = \ln x$ 上点 $(1, 0)$ 处的切线斜率为_____.

2. 自由落体的运动方程为 $h = \dfrac{1}{2}gt^2$，它的运动速度为_____.

3. 设 $f(x) = \begin{cases} 1 - \sin x, & x < 0, \\ \mathrm{e}^x, & x \geqslant 0, \end{cases}$ 其在 $x = 0$ 处是否可微_____.

4. 设 $f(x) = x(x-1)(x-2)\cdots(x-n)$，则 $f^{(n+1)}(x) =$ _____.

二、选择题

1. $f(x) = \dfrac{|x-1|}{x}$ 在 $x = 1$ 处（　　）.

   A. 连续   B. 间断   C. 可导   D. 无定义

2. 设 $f(x) = (x^3 - 1)g(x)$，$g(x)$ 在 $x = 1$ 处连续且 $g(1) = 0$，则（　　）.

   A. $f(x)$ 在 $x = 1$ 不一定连续   B. $f(x)$ 在 $x = 1$ 不一定可导

   C. $f(x)$ 在 $x = 1$ 不一定可微   D. $f(x)$ 在 $x = 1$ 一定可导

3. 曲线 $y = x^3 - 3x$ 上的切线平行于 x 轴的点有（　　）.

   A. $(0, 0)$ B. $(1, 2)$ C. $(-1, 2)$ D. $(2, 2)$

三、 函数 $f(x) = \begin{cases} x^2 + 1, & 0 \leqslant x < 1, \\ 3x - 1, & x \geqslant 1 \end{cases}$ 在点 $x = 1$ 处是否可导？

四、 求 $f(x) = \begin{cases} x, & x < 0, \\ \ln(1+x), & x \geqslant 0 \end{cases}$ 的导数.

五、求下列函数的导数

1. $y = \cos^2 x \cdot \ln x$.

2. $y = \ln(x + \sqrt{1+x^2})$.

3. $x + y - e^{xy} = 0$.

4. $\begin{cases} x = \ln(1+t), \\ y = \sin t, \end{cases}$ 求 y'_x, y''_x.

六、a 为何值时，$f(x) = ax^2$ 与 $g(x) = \ln x$ 相切？

七、设 $f(x) = (x^2 - a^2)g(x)$，$g(x)$ 在 $x = a$ 处连续且 $g(a) = 1$，求 $f'(a)$.

八、若 $e^y + xy = e$,求 $y''(0)$.

九、计算题

1. $f(x) = \dfrac{1}{x^2 - 3x + 2}$,求 $f^{(n)}(x)$.

2. $f(x) = x(x-1)(x-2)\cdots(x-n)$,

求 $f'(0)$.

十、设曲线 $f(x) = x^n$ 在点 $(1,1)$ 处的切线与 x 轴的交点为 $(\xi_n, 0)$,求 $\lim\limits_{n \to \infty} f(\xi_n)$.

第 3 章

微分中值定理与导数的应用

习题 3-1

一、填空题

1. 若 $f(x)$ 在 $[a,b]$ 上连续，在 (a,b) 内可导，且 $f(a)=f(b)$，则至少存在一点 $\xi \in$ _____，使得 $f'(\xi)=0$.

2. 若 $f(x)$ 在 (a,b) 内可导，x 及 $x+\Delta x$ 是 (a,b) 内的两点，则在以 x 及 $x+\Delta x$ 为端点的区间上，有拉格朗日公式 _____.

3. 设 $f(x)=x^3$，$F(x)=x^2$，在 $[1,2]$ 上适合柯西中值定理的 $\xi=$ _____.

二、选择题

1. 下列函数在给定区间上能满足罗尔定理的是（   ）.

A. $f(x)=x^3+x-1,[0,1]$

B. $f(x)=\begin{cases} x, & 0\leqslant x\leqslant 1, \\ 2-x, & 1<x\leqslant 2, \end{cases}[0,2]$

C. $f(x)=\dfrac{x^2-1}{x-1},[-1,1]$

D. $f(x)=\sin 2x,\left[0,\dfrac{\pi}{2}\right]$

2. 下列函数在给定区间上不能满足拉格朗日中值定理的是（   ）.

A. $y=x\mathrm{e}^x,[-1,1]$

B. $y=\ln(1+x^2),[-1,2]$

C. $y=\dfrac{2x}{1+x^2},[-1,1]$

D. $y=|x|,[-1,2]$

三、证明恒等式 $2\arctan x+\arcsin\dfrac{2x}{1+x^2}=\pi(x\geqslant 1)$.

四、若函数 $f(x)$ 在区间 (a,b) 内可导,且 $f'(x)<0$,则 $f(x)$ 在该区间内严格单调减少.

五、若方程 $a_0\ln(1+x)+a_1\ln(1+2x)+\cdots+a_{n-1}\ln(1+nx)=0$ 有一个正根 $x=x_0$,证明:方程 $\dfrac{a_0}{1+x}+\dfrac{2a_1}{1+2x}+\cdots+\dfrac{na_{n-1}}{1+nx}=0$ 必有一个小于 x_0 的正根.

六、证明:当 $x>0$ 时,$\dfrac{1}{1+x}<\ln(1+x)-\ln x<\dfrac{1}{x}$.

七、设函数 $f(x)$ 在 $[a,b]$ 上连续,在 (a,b) 内可导 $(0<a<b)$,证明:在 (a,b) 内存在 ξ,使 $ab[f(b)-f(a)]=\xi^2 f'(\xi)(b-a)$.

习题 3-2

一、求下列极限

1. $\lim\limits_{x\to 0}\dfrac{e^x-e^{-x}}{\tan x}$.

2. $\lim\limits_{x\to 0}\dfrac{\sin 2x-2x}{x^3}$.

3. $\lim\limits_{x\to 0}\dfrac{e^{2x}-e^{-2x}-4x}{x-\sin x}$.

4. $\lim\limits_{x\to 0^+}\dfrac{\ln\tan x}{\ln\tan 2x}$.

5. $\lim\limits_{x\to 0}\left(\dfrac{1}{x}-\dfrac{1}{e^x-1}\right)$.

6. $\lim\limits_{x\to 1}(1-x)\tan\dfrac{\pi x}{2}$.

7. $\lim\limits_{x\to 0}\left(\dfrac{\sin x}{x}\right)^{\frac{1}{x}}$.

8. $\lim\limits_{x\to 0^+}(\cot x)^{\frac{1}{\ln x}}$.

二、选择题

1. $\lim\limits_{x \to 0^+} (\tan x)^{\sin x} = (\quad)$.

　　A. 0　　　　　　　　B. 1　　　　　　　　C. e　　　　　　　　D. e^{-1}

2. $\lim\limits_{x \to +\infty} \left(\dfrac{2}{\pi} \arctan x\right)^x = (\quad)$.

　　A. $-\dfrac{2}{\pi}$　　　　　B. e　　　　　　　C. $e^{-\frac{2}{\pi}}$　　　　　D. $e^{\frac{2}{\pi}}$

3. $\lim\limits_{x \to 0} \dfrac{1 - x^2 - e^{-x^2}}{\sin^4 2x} = (\quad)$.

　　A. $\dfrac{1}{32}$　　　　　　B. $-\dfrac{1}{32}$　　　　　C. 1　　　　　　　D. 0

三、验证极限 $\lim\limits_{x \to \infty} \dfrac{x + \sin x}{x}$ 存在,但不能用洛必达法则得出.

四、设 $g(x) = \begin{cases} \dfrac{f(x)}{x}, & x \neq 0, \\ 0, & x = 0, \end{cases}$ 其中 $f(x)$ 在 $(-\infty, +\infty)$ 内具有二阶导数,且 $f(0) = f'(0) = 0$,求 $g'(0)$.

习题 3-3

一、按 $x - 1$ 的乘幂展开多项式 $x^4 + 6x^3 + 2x^2 - 8x + 7$.

二、写出 $f(x)=\cos x$ 在 $x_0=\dfrac{\pi}{4}$ 处的 4 阶泰勒公式.

三、写出 $f(x)=\dfrac{1}{x}$ 在 $x_0=2$ 处的 n 阶泰勒公式.

四、写出 $f(x)=\ln(1+x)$ 的 n 阶麦克劳林公式.

习题 3-4

一、填空题

1. 函数 $f(x)=2x^3-9x^2+12x+10$ 的单调增区间是_____,单调减区间是_____.

2. 函数 $f(x)=x^2\mathrm{e}^{-x}$ 的单调减区间是_____,单调增区间是_____.

3. 函数 $f(x)=1+\dfrac{1-2x}{x^2}$ 的单调增区间是_____,单调减区间是_____.

4. 曲线 $y=\arctan x-x$ 的凹区间是_____,凸区间是_____,拐点是_____.

5. 曲线 $y=2x^3-3x^2-36x+25$ 的凸区间是_____,凹区间是_____,拐点是_____.

6. $y=\dfrac{a}{x}\ln\dfrac{x}{a}(a>0)$ 的凸区间是_____,凹区间是_____,拐点是_____.

二、选择题

1. 函数 $f(x)=(x-2)x^{\frac{2}{3}}$ 的单调增区间是( ),单调减区间是( ).

    A. $(-\infty,0]\cup[2,+\infty)$ B. $(-\infty,0]\cup\left[\dfrac{4}{5},+\infty\right)$

    C. $\left[0,\dfrac{4}{5}\right]$ D. $[0,2]$

2. 函数 $f(x)=\dfrac{x}{\ln x}$ 的单调增区间是( ),单调减区间是( ).

    A. $(0,1]$ B. $(0,1)\cup(1,\mathrm{e}]$ C. $[\mathrm{e},+\infty)$ D. $[-1,+\infty)$

3. 对于曲线 $y=f(x)$,在 (a,b) 内 $f'(x)>0$,$f''(x)>0$,则曲线在此区间为( ).

    A. 单调下降,上凸   B. 单调上升,上凸

    C. 单调下降,上凹   D. 单调上升,上凹

4. $(0,1)$ 是曲线 $y=ax^3+bx^2+c$ 的拐点,则必有( ).

    A. $a=1,b=-3,c=1$ B. $a\neq0,b=0,c=1$

    C. $a=1,b=0,c$ 任取   D. $c=1,a,b$ 任取

三、证明下列不等式

1. 当 $x>0$ 时,$\arctan x>x-\dfrac{x^3}{3}$.

2. 当 $0 < x < 1$ 时, $\dfrac{1}{2}(1-x^2) + \dfrac{1}{4}(1-x^4) > \dfrac{2}{3}(1-x^3)$.

3. 当 $x \neq 0$ 时, $e^x > 1 + x$.

四、证明方程 $2x^7 + 2x - 1 = 0$ 在 $(0,1)$ 内有且只有一个实根.

习题 3-5

一、填空题

1. 设 $f'(x_0)$ 存在, $f(x_0)$ 是函数的极值,则必有 $f'(x_0) = $ _____.

2. 设 $f''(x_0)$ 存在,且 $f'(x_0) = 0$, $f''(x_0) \neq 0$,则当 $f''(x_0)$ _____时, $f(x_0)$ 为极大值,当 $f''(x_0)$ _____时, $f(x_0)$ 为极小值.

3. 函数 $f(x) = x^2 e^{-x^2}$ 在 $x = $ _____处取得极大值_____,在 $x = $ _____处取得极小值_____.

4. 当常数 $a = $ _____, $b = $ _____, $c = $ _____时,曲线 $y = x^3 + ax^2 + bx + c$ 在 $x = -2$ 处取得极值,且与直线 $y = -3x + 3$ 相切于点 $(1,0)$.

5. $y = x^4 - 2x^2 + 5$ 在 $[-2,2]$ 上的最大值是_____,最小值是_____.

6. $y = x + \sqrt{1-x}$ 在 $[-5,1]$ 上的最大值是_____,最小值是_____.

7. $y = \arctan \dfrac{1-x}{1+x}$ 在 $[0,1]$ 上的最大值是_____,最小值是_____.

二、选择题

1. $y=f(x)$ 在点 $x=x_0$ 处取得极大值,则必有(   ).

   A. $f'(x_0)=0$ B. $f''(x_0)<0$

   C. $f'(x_0)=0$ 且 $f''(x_0)<0$ D. $f'(x_0)=0$ 或 $f'(x_0)$ 不存在

2. $y=x^2\ln x$ 的极值为(   ).

   A. 极大值 $\dfrac{e}{2}$ B. 极小值 $\dfrac{e}{2}$ C. 极小值 $-\dfrac{1}{2e}$ D. 极大值 $-\dfrac{1}{2e}$

3. $f(x)=x^{\frac{1}{3}}(1-x)^{\frac{2}{3}}$ 的极值为(   ).

   A. $f\left(\dfrac{1}{3}\right)=\dfrac{4^{\frac{1}{3}}}{3}$ 为极大值,$f(0)=0$ 为极小值

   B. $f\left(\dfrac{1}{3}\right)=\dfrac{4^{\frac{1}{3}}}{3}$ 为极小值,$f(1)=0$ 为极大值

   C. $f\left(\dfrac{1}{3}\right)=\dfrac{4^{\frac{1}{3}}}{3}$ 为极大值,$f(0)=f(1)=0$ 为极小值

   D. $f\left(\dfrac{1}{3}\right)=\dfrac{4^{\frac{1}{3}}}{3}$ 为极大值,$f(1)=0$ 为极小值

三、求下列函数的极值

1. $y=-\dfrac{1}{4}(x^4-4x^3+3)$.

2. $y=x-\ln(1+x)$.

3. $y=\sqrt{2x-x^2}$.

4. $y = 2e^x + e^{-x}$.

四、已知半径为 R 的球,问内接直圆柱的底半径 r 与高 h 为多少时,能使直圆柱的体积为最大?

五、要造一排四间的猪舍(如下图所示),由于材料限制,围墙与隔墙的总长度只能建造 P m,当图中 x 等于多少时,猪舍面积最大?

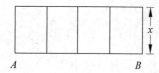

六、求椭圆 $\dfrac{x^2}{a^2}+\dfrac{y^2}{b^2}=1$ 的内接矩形中面积最大的矩形的面积.

习题 3-6

一、填空题

1. $y=3x-x^3$ 的单调增区间是_____,单调减区间是_____,极大值是_____,极小值是_____,凹区间是_____,凸区间是_____,拐点是_____.

2. $y=\dfrac{2x^2}{(1-x)^2}$ 的单调增区间是_____,单调减区间是_____,极小值点是_____,凸区间是_____,凹区间是_____,拐点是_____,水平渐近线是_____,铅直渐近线是_____.

二、描绘下列函数的图形

1. $y=\dfrac{x}{1+x^2}$.

2. $y=\dfrac{\ln x}{x}$.

习题 3-7

一、计算题

1. 求曲线 $y=\ln(1-x^2)$ 的弧微分.

2. 求曲线 $y = \ln x$ 上任意点(x,y)处的曲率.

3. 求曲线 $y = x^2 - 2x$ 的最小曲率半径.

二、选择题

1. 抛物线 $y = x^2 - 4x + 3$ 在顶点处的曲率半径是(　　).

A. 2　　　　　　B. 1　　　　　　C. $\dfrac{1}{2}$　　　　　　D. $\sqrt{2}$

2. 曲线 $y = \ln(x + \sqrt{1+x^2})$ 在点$(\sqrt{3}, \ln(\sqrt{3}+2))$处的曲率是(　　).

A. $\dfrac{5\sqrt{15}}{3}$　　　　B. $\dfrac{\sqrt{3}}{8}$　　　　C. $\dfrac{8\sqrt{3}}{3}$　　　　D. $\dfrac{\sqrt{15}}{25}$

三、求曲线 $x^2 - 4y^2 = 12$ 在点$(4,1)$处的曲率.

总习题 3

一、填空题

1. $f(x)=x\sqrt{3-x}$ 在 $[0,3]$ 上满足罗尔定理的 $\xi=$ _____.

2. $f(x)=\ln x$ 在 $[1,2]$ 上满足拉格朗日中值定理的 $\xi=$ _____.

3. $y=\sqrt{2+x-x^2}$ 的极大值是 _____.

4. $y=x+\sqrt{x}$ 在 $[0,4]$ 上的最小值是 _____.

5. 曲线 $y=(x-4)^3$ 的拐点是 _____.

6. 曲线 $y=2(x-1)^2$ 的最大曲率是 _____.

7. 函数 $f(x)=x^3\ln x$ 在 $x_0=1$ 处的三阶泰勒公式是 _____.

二、选择题

1. 若 M 和 m 分别是函数 $f(x)$ 在 $[a,b]$ 上的最大值和最小值,$f'(x)$ 存在,又 $M=m$,x_0 是 (a,b) 内任一点,则( ).

    A. $f'(x_0)=0$ B. $f'(x_0)<0$ C. $f'(x_0)>0$ D. 以上都不对

2. 若点 $(1,3)$ 是曲线 $y=ax^3+bx^2$ 的拐点,则( ).

    A. $a=\dfrac{9}{2},b=-\dfrac{3}{2}$ B. $a=-6,b=9$

    C. $a=-\dfrac{3}{2},b=\dfrac{9}{2}$ D. 以上都不对

3. 在区间 $(1,+\infty)$ 内,曲线 $y=\ln(x^2+1)$ 是( ).

    A. 下降且上凸   B. 下降且上凹

    C. 上升且上凸   D. 上升且上凹

4. 设 $a>0,b>0$,则 $\lim\limits_{x\to 0}\left(\dfrac{a^x+b^x}{2}\right)^{\frac{1}{x}}=$ ( ).

    A. ab B. $\sqrt{ab}$ C. $\ln ab$ D. $\ln\sqrt{ab}$

5. 曲线 $y=\dfrac{1+e^{-x^2}}{1-e^{-x^2}}$ ( ).

    A. 只有水平渐近线   B. 只有铅直渐近线

    C. 既有水平渐近线,也有铅直渐近线   D. 以上都不对

6. 设 $f(x)$ 在开区间 (a,b) 内可导,x_1,x_2 是区间 (a,b) 内任意两点,且 $x_1<x_2$,则至少存在一点 ξ,使( ).

    A. $f(b)-f(a)=f'(\xi)(b-a)$,其中 $a<\xi<b$

    B. $f(b)-f(x_1)=f'(\xi)(b-x_1)$,其中 $x_1<\xi<b$

    C. $f(x_2)-f(x_1)=f'(\xi)(x_2-x_1)$,其中 $x_1<\xi<x_2$

    D. $f(x_2)-f(a)=f'(\xi)(x_2-a)$,其中 $a<\xi<x_2$

三、求下列极限

1. $\lim\limits_{x \to \frac{\pi}{4}} \dfrac{\sec^2 x - 2\tan x}{1 + \cos 4x}$.

2. $\lim\limits_{x \to 1} (1 - x^2) \tan \dfrac{\pi x}{2}$.

3. $\lim\limits_{x \to \infty} \left(\sin \dfrac{1}{x} + \cos \dfrac{1}{x} \right)^x$.

四、证明下列不等式

1. 当 $x > 0$ 时, $x - \dfrac{x^2}{2} < \ln(1 + x) < x$.

2. $\pi > e \ln \pi$.

五、将一长为 a 的铁丝切成两段,并将其中一段围成正方形,另一段围成圆形,为使正方形与圆形面积之和最小,问两段铁丝的长各为多少?

六、已知函数 $y=\dfrac{\mathrm{e}^x}{x}$,试求其单调区间,极值点,图形的凹凸性,拐点和渐近线.

七、已知 $f(x)$ 可导,且 $\lim\limits_{x\to 0}\dfrac{f(x)+\ln(1+2x)}{x}=2$,求 $f'(0)$.

第4章

不定积分

习题 4-1

一、填空题

1. 设 $f'(x) = \phi(x)$，则 $\phi(x)$ 的原函数是 _____.

2. 在 $(-\infty, +\infty)$ 内，$\sin x$ 的原函数是 _____，$\dfrac{1}{1+x^2}$ 的原函数是 _____.

3. $\displaystyle\int (\sqrt{x}+1)\left(x - \dfrac{1}{\sqrt{x}}\right) \mathrm{d}x = $ _____.

4. $\displaystyle\int \dfrac{4\cos^3 x - 1}{\cos^2 x} \mathrm{d}x = $ _____.

5. $\displaystyle\int \left(\cos \dfrac{x}{2} - \sin \dfrac{x}{2}\right)^2 \mathrm{d}x = $ _____.

6. $\displaystyle\int \csc x\,(\csc x - \cot x)\,\mathrm{d}x = $ _____.

7. $\displaystyle\int \left(\dfrac{2}{\sqrt{1-x^2}} - \dfrac{3}{1+x^2} + \dfrac{1}{2x}\right) \mathrm{d}x = $ _____.

8. $\displaystyle\int \sec x\,(\cos x - \tan x)\,\mathrm{d}x = $ _____.

9. $\displaystyle\int \dfrac{x^2 + x + 1}{x\,(1 + x^2)} \mathrm{d}x = $ _____.

10. $\displaystyle\int \dfrac{3\mathrm{e}^{2x} + 2^x}{\mathrm{e}^x} \mathrm{d}x = $ _____.

11. $\displaystyle\int (2\sinh x + 3\cosh x)\,\mathrm{d}x = $ _____.

12. $\displaystyle\int \sin^2 \dfrac{x}{2} \mathrm{d}x = $ _____.

二、一质点作直线运动，已知其速度为 $v = 3t^2 + 2t$，且 $s|_{t=0} = s_0$，求在时刻 t 时质点和原点间的距离 s.

三、$\dfrac{1}{2}\sin^2 x$，$-\dfrac{1}{4}\cos 2x$，$-\dfrac{1}{2}\cos^2 x$ 是否是同一函数的原函数？说明理由.

习题 4-2

一、填空题

1. 设 a,b 为常数，且 $a\neq 0$，则

(1) $\mathrm{d}x = \underline{\qquad}\ \mathrm{d}(ax+b)$；

(2) $x\,\mathrm{d}x = \underline{\qquad}\ \mathrm{d}(ax^2+b)$；

(3) $\dfrac{1}{x}\mathrm{d}x = \underline{\qquad}\ \mathrm{d}(a\ln|x|+b)$；

(4) $\dfrac{1}{\sqrt{ax+b}}\mathrm{d}x = \underline{\qquad}\ \mathrm{d}\sqrt{ax+b}$.

2. $\displaystyle\int \sin\left(3x-\dfrac{\pi}{4}\right)\mathrm{d}x = \underline{\qquad\qquad}$.

3. $\displaystyle\int \dfrac{1}{(2x-3)^2}\mathrm{d}x = \underline{\qquad\qquad}$.

4. $\displaystyle\int \mathrm{e}^{-\frac{3}{4}x+1}\mathrm{d}x = \underline{\qquad\qquad}$.

5. $\displaystyle\int \dfrac{3}{1-x}\mathrm{d}x = \underline{\qquad\qquad}$.

6. $\displaystyle\int \dfrac{1}{9+4x^2}\mathrm{d}x = \underline{\qquad\qquad}$.

7. $\displaystyle\int x\sqrt{1+x^2}\,\mathrm{d}x = \underline{\qquad\qquad}$.

8. $\displaystyle\int \dfrac{\ln x}{x}\mathrm{d}x = \underline{\qquad\qquad}$.

9. $\displaystyle\int \cos x\,\mathrm{e}^{\sin x}\,\mathrm{d}x = \underline{\qquad\qquad}$.

10. $\displaystyle\int \dfrac{\cos\sqrt{x}}{\sqrt{x}}\mathrm{d}x = \underline{\qquad\qquad}$.

11. $\displaystyle\int \dfrac{\mathrm{d}x}{2x^2-1} = \underline{\qquad\qquad}$.

12. $\displaystyle\int \sin x\cos 2x\,\mathrm{d}x = \underline{\qquad\qquad}$.

二、求下列不定积分

1. $\displaystyle\int \sec^3 x\tan x\,\mathrm{d}x$.

2. $\displaystyle\int \dfrac{\mathrm{d}x}{\arcsin x\cdot\sqrt{1-x^2}}$.

3. $\int \dfrac{\sin x + \cos x}{\sqrt{(\sin x - \cos x)^3}} \mathrm{d}x.$

4. $\int \dfrac{\cot x}{\ln \sin x} \mathrm{d}x.$

5. $\int \dfrac{1 + \ln x}{(x \ln x)^2} \mathrm{d}x.$

6. $\int \dfrac{\arctan \sqrt{x}}{\sqrt{x}(1 + x)} \mathrm{d}x.$

三、求下列不定积分

1. $\int \dfrac{\mathrm{d}x}{x^2 \sqrt{a^2 - x^2}}(a > 0).$

2. $\int \dfrac{\mathrm{d}x}{\sqrt{(a^2 + x^2)^3}}(a > 0).$

3. $\int \dfrac{x}{\sqrt{(x^2 - 9)^3}} \mathrm{d}x.$

习题 4-3

一、求下列不定积分

1. $\displaystyle\int x\,\mathrm{e}^{2x}\,\mathrm{d}x$.

2. $\displaystyle\int t\sin(\omega t+\varphi)\,\mathrm{d}t$.

3. $\displaystyle\int x\sec^2 x\,\mathrm{d}x$.

4. $\displaystyle\int \ln(x+\sqrt{x^2-1})\,\mathrm{d}x$.

5. $\displaystyle\int x^2\sin x\,\mathrm{d}x$.

6. 已知 $f(x)$ 的一个原函数是 $\ln(x+\sqrt{1+x^2})$，求 $\displaystyle\int x f'(x)\,\mathrm{d}x$.

二、选择题

1. $\int \ln(x+1)\mathrm{d}x = ($ $)$.

    A. $x[\ln(x+1)-1]+c$ B. $x\ln(x+1)-x-\ln(x+1)+c$

    C. $x\ln(x+1)-x+\ln(x+1)+c$ D. $x\ln(x+1)-\ln(x+1)+c$

2. $\int xf''(x)\mathrm{d}x = ($ $)$.

    A. $xf'(x)-\int f(x)\mathrm{d}x$ B. $xf'(x)-f'(x)+c$

    C. $xf'(x)-f(x)+c$ D. $f(x)-xf'(x)+c$

三、计算下列不定积分

1. $\int e^{\sqrt[3]{x}}\,\mathrm{d}x$.

2. $\int \arctan x\,\mathrm{d}x$.

3. $\int e^{x}\cos x\,\mathrm{d}x$.

习题 4-4

计算下列不定积分

1. $\int \dfrac{x^{2}-5x+9}{x^{2}-5x+6}\mathrm{d}x$.

2. $\int \dfrac{x^{2}+1}{(x+1)^{2}(x-1)}\mathrm{d}x$.

3. $\int \dfrac{\mathrm{d}x}{\sqrt{x}+\sqrt[3]{x}}$.

总习题 4

一、填空题

1. 设 $f(x) = k \cdot \tan 2x$ 的一个原函数为 $\frac{2}{3}\ln|\cos 2x| + 3$，则 $k = $ _____.

2. 已知 $F'(x) = \frac{1}{\sqrt{1-x^2}}$，且 $F(1) = \frac{3}{2}\pi$，则 $F(x) = $ _____.

3. 已知 $f(x) = \frac{1}{\sqrt{x}}$，则 $\int x f'(x^2)\,\mathrm{d}x = $ _____.

4. 若 $\int f(u)\,\mathrm{d}u = F(u) + c$，且 $f(x)$，$\phi'(x)$ 连续，则 $\int f[\phi(x)]\phi'(x)\,\mathrm{d}x = $ _____.

5. 设 $f'(x)$ 为连续函数，则 $\int \dfrac{f(x) + x f'(x)}{x^2 f^2(x)}\,\mathrm{d}x = $ _____.

6. 若 $\int f(x)\,\mathrm{d}x = \mathrm{e}^{-x^2} + c$，则 $f'(x) = $ _____.

7. 若 $f(x)$ 和 $f'(x)$ 都是连续函数，则 $\int \sin^2 x f'(\cos x)\,\mathrm{d}x - \int \cos x \cdot f(\cos x)\,\mathrm{d}x = $

_____.

8. 设 $f'(\ln x) = 1 + x$，则 $f(x) = $ _____.

9. 设 $\int x f(x)\,\mathrm{d}x = \arcsin x + c$，则 $\int \dfrac{1}{f(x)}\,\mathrm{d}x = $ _____.

二、选择题（每小题至少有一结论成立）

1. 在下列等式中，正确的是（　　）.

    A. $\int f'(x)\,\mathrm{d}x = f(x)$　　　　　　　　B. $\int \mathrm{d}f(x) = f(x)$

    C. $\dfrac{\mathrm{d}}{\mathrm{d}x}\int f(x)\,\mathrm{d}x = f(x)$　　　　　　D. $\mathrm{d}\int f(x)\,\mathrm{d}x = f(x)$

2. 若 $f(x)$ 的一个原函数是 $\dfrac{\ln x}{x}$，则 $\int x f'(x)\,\mathrm{d}x = $（　　）.

    A. $\dfrac{\ln x}{x} + c$　　　B. $\dfrac{1+\ln x}{x^2} + c$　　　C. $\dfrac{1}{x} + c$　　　D. $\dfrac{1}{x} - \dfrac{2\ln x}{x} + c$

3. 若 $\int f(x)\,\mathrm{d}x = x^2 + c$，则 $\int x f(1-x^2)\,\mathrm{d}x = $（　　）.

    A. $2(1-x^2)^2 + c$　　B. $x^2 - \dfrac{1}{2}x^4 + c$　　C. $-2(1-x^2) + c$　　D. $\dfrac{1}{2}(1-x^2) + c$

4. 设 $\dfrac{4}{1-x^2} f(x) = \dfrac{\mathrm{d}}{\mathrm{d}x}[f(x)]^2$，且 $f(0) = 0$，$f(x)$ 不恒为零，则 $f(x) = $（　　）.

    A. $\dfrac{1+x}{1-x}$　　　　B. $\dfrac{1-x}{1+x}$　　　　C. $\ln\left|\dfrac{1+x}{1-x}\right|$　　　D. $\ln\left|\dfrac{1-x}{1+x}\right|$

5. 下列等式（　　）是正确的.

A. $\int f(\ln x)\dfrac{1}{x}dx=\dfrac{1}{2}[f(\ln x)]^2+c$

B. $\int f(\ln x)\cdot f'(\ln x)\cdot\dfrac{1}{x}dx=\dfrac{1}{2}[f(\ln x)]^2+c$

C. $\int f\left(\dfrac{1}{x}\right)\cdot\ln x\,dx=\dfrac{1}{2}\left[f\left(\dfrac{1}{x}\right)\right]^2+c$

D. $\int f\left(\dfrac{1}{x}\right)\cdot f'\left(\dfrac{1}{x}\right)\ln x\,dx=\dfrac{1}{2}\left[f\left(\dfrac{1}{x}\right)\right]^2+c$

6. 初等函数 $f(x)$ 在其定义区间内（　　）.

A. 连续　　　　　　B. 可导　　　　　　C. 可微　　　　　　D. 原函数存在

三、求下列各不定积分

1. $\int\dfrac{x}{\sqrt{1-x^2}}dx.$

2. $\int\dfrac{\sin^3 x}{2+\cos x}dx.$

3. $\int\dfrac{1}{5+4x+x^2}dx.$

4. $\int\dfrac{dx}{x^2\sqrt{1-x^2}}.$

5. $\int \arctan \sqrt{x} \, \mathrm{d}x$.

四、证明递推公式

$$I_n = \int \sec^n x \, \mathrm{d}x = \frac{\sec^{n-2} x \cdot \tan x}{n-1} + \frac{n-2}{n-1} I_{n-2} \, (n=2,3,\cdots).$$

五、设函数 $f(x)$ 对一切实数都满足方程 $f(x+y)=f(x)f(y)$，且 $f'(0)=\ln a \, (a>0,$ $a \neq 1)$，求 $f(x)$．（提示：先求 $f(0)$，再应用导数定义得 $f'(x)=f(x)\ln a, \frac{f'(x)}{f(x)}=[\ln f(x)]'$．)

第 5 章

定积分

习题 5-1

一、填空题

1. $f(x)$ 在 $[a,b]$ 上有界是 $\int_a^b f(x)\mathrm{d}x$ 存在的 _____ 条件,而 $f(x)$ 在 $[a,b]$ 上连续是 $\int_a^b f(x)\mathrm{d}x$ 存在的 _____ 条件.

2. 利用定积分的几何意义写出下列定积分的值:

(1) $\int_0^2 x\,\mathrm{d}x = $ _____;　　　　　　　(2) $\int_0^a \sqrt{a^2-x^2}\,\mathrm{d}x = $ _____;

(3) $\int_{-\frac{\pi}{2}}^{\frac{\pi}{2}} \sin x\,\mathrm{d}x = $ _____;　　　　　(4) $\int_{-1}^1 \arctan x\,\mathrm{d}x = $ _____.

3. 比较下列积分值的大小(用等号或不等号表示):

(1) $\int_0^1 x\,\mathrm{d}x$ _____ $\int_0^1 x^2\,\mathrm{d}x$;　　　(2) $\int_2^3 x^2\,\mathrm{d}x$ _____ $\int_2^3 x^3\,\mathrm{d}x$;

(3) $\int_1^e (\ln x)^2\,\mathrm{d}x$ _____ $\int_1^e (\ln x)^3\,\mathrm{d}x$;　(4) $\int_0^1 e^x\,\mathrm{d}x$ _____ $\int_0^1 (1+x)\,\mathrm{d}x$.

二、选择题(估计下列各积分的值)

1. $I = \int_2^3 x^2\,\mathrm{d}x$ 对( )正确.

　A. $4 \leqslant I \leqslant 9$　　　B. $1 \leqslant I \leqslant 6$　　　C. $7 \leqslant I \leqslant 12$　　　D. $0 \leqslant I \leqslant 5$

2. $I = \int_{\frac{\pi}{4}}^{\frac{5}{4}\pi} \sqrt{1+\sin^2 x}\,\mathrm{d}x$ 对( )正确.

　A. $1 \leqslant I \leqslant \sqrt{2}$　　　B. $\frac{\pi}{4} \leqslant I \leqslant \frac{5}{4}\pi$　　　C. $0 \leqslant I \leqslant \frac{\pi}{2}$　　　D. $\pi \leqslant I \leqslant \sqrt{2}\pi$

3. $I = \int_{\frac{\pi}{4}}^{\frac{\pi}{2}} \frac{\sin x}{x}\,\mathrm{d}x$ 对( )正确.

　A. $0 \leqslant I \leqslant \frac{1}{2}$　　　B. $2 \leqslant I \leqslant 3$　　　C. $\frac{1}{2} \leqslant I \leqslant \frac{\sqrt{2}}{2}$　　　D. $\frac{\pi}{4} \leqslant I \leqslant \frac{\pi}{2}$

三、设 $\int_{-1}^1 3f(x)\mathrm{d}x = 18, \int_{-1}^3 f(x)\mathrm{d}x = 4, \int_{-1}^3 g(x)\mathrm{d}x = 3$. 求下列定积分

(1) $\int_{-1}^1 f(x)\,\mathrm{d}x$;　　　　　　　　　　(2) $\int_1^3 f(x)\,\mathrm{d}x$;

(3) $\int_{3}^{-1} g(x)\,\mathrm{d}x$；　　　　　　　　　　(4) $\int_{-1}^{3} \dfrac{1}{5}\big[4f(x)+3g(x)\big]\mathrm{d}x$.

四、应用估值定理证明：$\sqrt{2}\,\mathrm{e}^{-\frac{1}{2}} \leqslant \int_{-\frac{1}{\sqrt{2}}}^{\frac{1}{\sqrt{2}}} \mathrm{e}^{-x^{2}}\,\mathrm{d}x \leqslant \sqrt{2}$.

习题 5-2

一、填空题

1. 设 $f(x)$ 在 $[a,b]$ 上连续，$a \leqslant x \leqslant b$，则 $\dfrac{\mathrm{d}}{\mathrm{d}x}\int_{a}^{x} f(t)\,\mathrm{d}t =$ ＿＿＿＿＿；$\dfrac{\mathrm{d}}{\mathrm{d}x}\int_{x}^{b} f(t)\,\mathrm{d}t =$ ＿＿＿＿＿

＿＿＿＿＿.

2. $\dfrac{\mathrm{d}}{\mathrm{d}x}\int_{0}^{x} \dfrac{t\sin t}{1+\cos^{2} t}\,\mathrm{d}t =$ ＿＿＿＿＿.　　3. $\dfrac{\mathrm{d}}{\mathrm{d}x}\int_{0}^{\sin x} t\sqrt{1+t^{2}}\,\mathrm{d}t =$ ＿＿＿＿＿.

4. $\displaystyle\lim_{x\to 0} \dfrac{\int_{0}^{x} \tan t\,\mathrm{d}t}{x^{2}} =$ ＿＿＿＿＿.　　5. $\int_{2}^{3}\left(\sqrt{x}+\dfrac{1}{\sqrt{x}}\right)\mathrm{d}x =$ ＿＿＿＿＿.

6. $\int_{0}^{\frac{\pi}{4}} \tan^{2} x\,\mathrm{d}x =$ ＿＿＿＿＿.　　7. $\int_{\frac{a}{\sqrt{3}}}^{\sqrt{3}\,a} \dfrac{\mathrm{d}x}{a^{2}+x^{2}} =$ ＿＿＿＿＿.

二、选择题

1. $\int_{0}^{3} \sqrt{(2-x)^{2}}\,\mathrm{d}x =$（　　）.

　A. $\dfrac{3}{2}$　　　　　　B. $-\dfrac{3}{2}$　　　　　　C. $\dfrac{5}{2}$　　　　　　D. $-\dfrac{5}{2}$

2. $\dfrac{\mathrm{d}}{\mathrm{d}x}\displaystyle\int_{2x}^{x^2}\mathrm{e}^{-t}\cos t\,\mathrm{d}t=($ $)$.

    A. $2\mathrm{e}^{-2x}\cos 2x-2x\mathrm{e}^{-x^2}\cos(x^2)$ B. $2x\mathrm{e}^{-x^2}\cos(x^2)-2\mathrm{e}^{-2x}\cos 2x$

    C. $2x\mathrm{e}^{-x^2}\cos(x^2)+2\mathrm{e}^{-2x}\cos 2x$ D. $\mathrm{e}^{-x^2}\cos(x^2)-\mathrm{e}^{-2x}\cos 2x$

3. $\lim\limits_{x\to 0^+}\dfrac{\displaystyle\int_0^{x^2}t^{\frac{3}{2}}\,\mathrm{d}t}{\displaystyle\int_0^x t(t-\sin t)\,\mathrm{d}t}=($ $)$.

    A. 12 B. 6 C. ∞ D. 0

4. 设 $f(x)=\displaystyle\int_0^{\sin x}t^2\,\mathrm{d}t$，$g(x)=x^3+x^4$，则当 $x\to 0$ 时，$f(x)$ 是 $g(x)$ 的（   ）.

    A. 等价无穷小   B. 同阶但非等价无穷小

    C. 高阶无穷小   D. 低阶无穷小

三、求由参数表示式 $x=\displaystyle\int_0^t\tan u\,\mathrm{d}u$，$y=\displaystyle\int_0^t u\tan u\,\mathrm{d}u$ 所给定的函数 y 对 x 的导数.

四、求由 $\displaystyle\int_0^y\mathrm{e}^t\,\mathrm{d}t+\int_0^x\sin t\,\mathrm{d}t=0$ 所确定的隐函数 y 对 x 的导数 $\dfrac{\mathrm{d}y}{\mathrm{d}x}$.

五、设 $F(x)=\begin{cases}\dfrac{\displaystyle\int_0^x tf(t)\,\mathrm{d}t}{x^2}, & x\neq 0,\\ c, & x=0,\end{cases}$ 其中 $f(x)$ 连续，且 $f(0)=1$，试确定 c，使 $F(x)$

在 $x=0$ 处连续.

六、设 $F(x) = \int_0^{x^2} e^{-t} dt$，试求：(1)$F(x)$ 的极值；(2)曲线 $y = F(x)$ 拐点的横坐标；

(3) 积分 $\int_0^3 F'(x) dx$ 的值.

.

习题 5-3（Ⅰ）

一、填空题

1. $\int_1^e \dfrac{1 + \ln x}{x} dx = $ _____.

2. $\int_0^{\sqrt{2}} \sqrt{2 - x^2} \, dx = $ _____.

3. $\int_{-2}^2 \dfrac{x \cos x}{1 + \sin^2 x} dx = $ _____.

4. $\int_{-1}^1 (x + |x|)^2 dx = $ _____.

二、计算下列定积分

1. $\int_1^2 \dfrac{e^{\frac{1}{x}}}{x^2} dx$.

2. $\int_{-1}^1 \dfrac{x \, dx}{\sqrt{5 - 4x}}$.

3. $\int_0^2 x^2 \sqrt{4 - x^2} \, dx$.

4. $\int_0^{\frac{\pi}{2}} \sin^3 x \cdot \cos^3 x \, dx$.

5. $\displaystyle\int_{-\pi}^{\pi} |\cos x| \sin^2 x \, \mathrm{d}x$.

三、利用定积分的换元法证明下列等式

1. $\displaystyle\int_0^\pi \sin^n x \, \mathrm{d}x = 2\int_0^{\frac{\pi}{2}} \sin^n x \, \mathrm{d}x$.

2. $\displaystyle\int_0^1 x^m (1-x)^n \, \mathrm{d}x = \int_0^1 x^n (1-x)^m \, \mathrm{d}x$.

3. $\displaystyle\int_a^b f(x) \, \mathrm{d}x = (b-a)\int_0^1 f[a + (b-a)x] \, \mathrm{d}x$，其中 $b > a$，$f(x)$ 连续.

习题 5-3（Ⅱ）

一、计算下列定积分

1. $\displaystyle\int_1^e \ln x \, \mathrm{d}x$.

2. $\displaystyle\int_0^{\sqrt{\ln 2}} x^3 \mathrm{e}^{x^2} \, \mathrm{d}x$.

3. $\displaystyle\int_{\frac{1}{e}}^e |\ln x| \, \mathrm{d}x$.

4. $\displaystyle\int_0^1 (1-x^2)^n \, \mathrm{d}x$（$n$ 为自然数）.

二、已知 $f(\pi)=1$，$f(x)$ 具有二阶连续导数，且 $\displaystyle\int_0^\pi [f(x)+f''(x)]\sin x \, \mathrm{d}x = 3$，求 $f(0)$.

三、已知 $f(2)=\dfrac{1}{2}$，$f'(2)=0$，$\displaystyle\int_0^2 f(x)\mathrm{d}x=1$，求 $\displaystyle\int_0^2 x^2 f''(x)\mathrm{d}x$.

四、设 $f(x)=\begin{cases}1+x^2, & x<0, \\ \mathrm{e}^{-x}, & x\geqslant 0,\end{cases}$ 求 $\displaystyle\int_1^3 f(x-2)\mathrm{d}x$.

习题 5-4

一、填空题

1. $\displaystyle\int_2^{+\infty}\dfrac{\mathrm{d}x}{x^3}=$ _____.

2. $\displaystyle\int_{\frac{2}{\pi}}^{+\infty}\dfrac{1}{x^2}\sin\dfrac{1}{x}\mathrm{d}x=$ _____.

3. $\displaystyle\int_0^1\dfrac{\mathrm{d}x}{\sqrt{1-x}}=$ _____.

二、选择题

1. $\displaystyle\int_{-\infty}^0 x\mathrm{e}^{-x^2}\mathrm{d}x$（　　）.

    A. $=-\dfrac{1}{2}$ B. $=\dfrac{1}{2}$ C. $=-1$ D. 发散

2. $\displaystyle\int_{-\infty}^{+\infty}\dfrac{\mathrm{d}x}{4+x^2}$（　　）.

    A. $=\pi$ B. $=\dfrac{\pi}{2}$ C. $=\dfrac{\pi}{4}$ D. 发散

3. $\displaystyle\int_0^1\dfrac{\mathrm{d}x}{(2-x)\sqrt{1-x}}$（　　）.

    A. $=2$ B. $=-\dfrac{\pi}{2}$ C. $=\dfrac{\pi}{2}$ D. 发散

4. $\displaystyle\int_0^2\dfrac{\mathrm{d}x}{(1-x)^2}$（　　）.

    A. $=-2$ B. $=2$ C. $=-1$ D. 发散

总习题 5

一、填空题

1. $\displaystyle\int_{-1}^{1}(x-\sqrt{1-x^2})^2\,\mathrm{d}x=$ _____ .

2. 设 $f(x)=\displaystyle\int_{1}^{x}\frac{\ln t}{1+t}\,\mathrm{d}t\,(x>0)$,则 $f'(x)+f'\left(\dfrac{1}{x}\right)=$ _____ .

3. 设 $f(u)$ 连续,则 $\dfrac{\mathrm{d}}{\mathrm{d}x}\displaystyle\int_{a}^{b}f(x+t)\,\mathrm{d}t=$ _____ .

4. 设 $f(3x+1)=x\mathrm{e}^{\frac{x}{2}}$,则 $\displaystyle\int_{0}^{1}f(t)\,\mathrm{d}t=$ _____ .

5. 设 $\displaystyle\int_{-\infty}^{+\infty}\frac{A}{1+x^2}\,\mathrm{d}x=1$,则 $A=$ _____ .

6. 设 $f(x)$ 是连续函数,且 $f(x)=x+2\displaystyle\int_{0}^{1}f(t)\,\mathrm{d}t$,则 $f(x)=$ _____ .

二、选择题

1. 在下列积分中,(   )可直接使用牛顿-莱布尼茨公式计算.

  A. $\displaystyle\int_{-1}^{1}\frac{\mathrm{d}x}{\sqrt{1-x^2}}$ B. $\displaystyle\int_{\frac{1}{e}}^{e}\frac{\mathrm{d}x}{x\ln x}$ C. $\displaystyle\int_{0}^{1}\frac{\mathrm{d}x}{3-x^2}$ D. $\displaystyle\int_{-1}^{0}\frac{\mathrm{d}x}{x+2}$

2. 若 $\dfrac{\mathrm{d}}{\mathrm{d}x}\displaystyle\int_{\sqrt{x}}^{1}f(t)\,\mathrm{d}t=\sqrt{x}\,(x>0)$,则 $f'(x)=$ (   ).

  A. $-4x$ B. $2\sqrt{x}$ C. $\dfrac{1}{2\sqrt{x}}$ D. $-\dfrac{2}{\sqrt{x}}$

3. 设 $f(x)$ 连续,则 $\displaystyle\lim_{x\to a}\frac{x}{x-a}\int_{a}^{x}f(t)\,\mathrm{d}t=$ (   ).

  A. 0 B. a C. $af(a)$ D. $f(a)$

4. 下列等式中(   )是正确的.

  A. $\displaystyle\int_{-a}^{a}f(x)\,\mathrm{d}x=\int_{-a}^{a}f(-x)\,\mathrm{d}x$ B. $\displaystyle\int_{-a}^{a}f(x)\,\mathrm{d}x=2\int_{0}^{a}f(x)\,\mathrm{d}x$

  C. $\displaystyle\int_{-a}^{a}f(x)\,\mathrm{d}x=-\int_{-a}^{a}f(-x)\,\mathrm{d}x$ D. $\displaystyle\int_{0}^{a}f(x)\,\mathrm{d}x=\int_{0}^{a}f(a-x)\,\mathrm{d}x$

5. 设

$$M=\int_{-\frac{\pi}{2}}^{\frac{\pi}{2}}\frac{\sin x}{1+x^2}\cos^4 x\,\mathrm{d}x,\,N=\int_{-\frac{\pi}{2}}^{\frac{\pi}{2}}(\sin^3 x+\cos^4 x)\,\mathrm{d}x,\,P=\int_{-\frac{\pi}{2}}^{\frac{\pi}{2}}(x^2\sin^3 x-\cos^4 x)\,\mathrm{d}x,$$

则有(   ).

  A. $N<P<M$ B. $M<P<N$ C. $N<M<P$ D. $P<M<N$

6. 设 $g(t)$ 是 $[a,b]$ 上的连续函数,且 $f(x)=\displaystyle\int_{a}^{x}g(t)\,\mathrm{d}t\,(a\leqslant x\leqslant b)$,则在 $[a,b]$ 上(   ),使得 $f(b)=(b-a)g(\xi)$.

  A. 不存在点 ξ B. 仅存在一点 ξ

    C. 至少存在一点 ξ　　　　　　　D. 存在两点 ξ

7. 广义积分 $\int_0^1 \dfrac{1}{x^p}\mathrm{d}x$ 当（ ）时收敛.

    A. $p>0$　　　　　B. $p<1$　　　　C. $p=1$　　　　D. $p>1$

三、计算题

1. $\displaystyle\int_0^4 \dfrac{x+2}{\sqrt{2x+1}}\mathrm{d}x$.

2. $\displaystyle\int_0^\pi \sqrt{\sin t - \sin^3 t}\,\mathrm{d}t$.

3. $\displaystyle\int_{\frac{\pi}{4}}^{\frac{\pi}{3}} \dfrac{\ln\tan x}{\sin 2x}\mathrm{d}x$.

4. $\displaystyle\int_0^{\frac{\pi}{2}} x\sin x\,\mathrm{d}x$.

5. $\displaystyle\int_0^{\frac{\pi}{2}} \mathrm{e}^{2x}\cos x\,\mathrm{d}x$.

6. $\int_0^3 \max\{2, x^2\} \mathrm{d}x$.

四、求 $f(t) = \int_0^1 |x - t| \mathrm{d}x$ 在 $0 \leqslant t \leqslant 1$ 上的最大值和最小值.

五、设 $f(x)$ 在 $[0, 1]$ 上连续, 在 $(0, 1)$ 内可导, 且 $3\int_{\frac{2}{3}}^1 f(x)\mathrm{d}x = f(0)$, 证明: 在 $(0, 1)$ 内有一点 c, 使 $f'(c) = 0$.

第 6 章

定积分的应用

习题 6-1

一、简述题

1. 简述能用定积分确定的量的特点.

2. 简述使用定积分的元素法的几个步骤.

3. 列举一些求平面图形面积的不同情形与方法.

二、填空题

1. 曲线 $y = \dfrac{1}{x}$ 与直线 $y = x$ 及 $x = 2$ 所围图形的面积为_____.

2. 曲线 $y = \ln x$ 与 y 轴, 直线 $y = \ln a$, $y = \ln b\,(b > a > 0)$ 所围图形的面积为_____.

3. 由曲线 $x=1-y^2$ 及直线 $y=x+1$ 所围成的平面图形的面积为_____.

4. 曲线 $\rho=2a\cos\theta$ 围成图形的面积为_____.

5. 摆线 $x=a(t-\sin t), y=a(1-\cos t)$ 的一拱与横轴所围成的图形面积为_____.

6. 曲线 $y=-x^3+x^2+2x$ 与 x 轴所围成的图形的面积为_____.

三、计算题

1. 求抛物线 $y=-x^2+4x-3$ 及其在点 $(0,-3)$ 和 $(3,0)$ 处的切线所围图形的面积.

2. 求抛物线 $y^2=2px$ 及其在点 $\left(\dfrac{p}{2},p\right)(p>0)$ 处的法线所围图形的面积.

3. 在曲线 $y=x^2(x\geqslant0)$ 上某点 A 处作一切线,使之与曲线及 x 轴所围成图形面积为 $\dfrac{1}{12}$. 求 A 的坐标及过切点 A 的切线方程.

习题 6-2(Ⅰ)

一、计算题

1. 求曲线 $y=x^2(0\leqslant x\leqslant 1)$ 及 $y=x$ 所围图形分别绕 x 轴旋转所得的旋转体体积及绕 y 轴旋转所得的旋转体体积.

2. 求由曲线边界区域 $xy\leqslant 4$,直线边界区域 $1\leqslant y,x>0$ 所界定图形绕 y 轴旋转所得的旋转体体积.

3. 求曲线 $x^2+(y-5)^2=16$ 所围图形绕 x 轴旋转所得的旋转体体积.

4. 求由曲线 $y=4-x^2$ 与直线 $y=0$ 所围成的平面图形绕直线 $x=3$ 旋转一周所得旋转体的体积.

二、应用题

1. 设直线 $y=ax+b(a\geqslant0,b>0)$ 与直线 $x=0,x=1$ 及 $y=0$ 所围梯形的面积为 A ,试求 a,b 使这块面积绕 x 轴旋转所得的旋转体体积最小.

2. 设曲线 $y=ax^2(a>0,x\geqslant0)$ 与 $y=1-x^2$ 交于点 A ,过坐标原点 O 及点 A 的直线与曲线 $y=ax^2$ 围成一平面图形,问 a 为何值时,该图形绕 x 轴一周所得的旋转体体积最大.

习题 6-2（Ⅱ）

一、填空题

1. 直角坐标系下的弧长元素的形式为_____,极坐标系下的弧长元素形式为_____,参数方程意义下的弧长元素的形式为_____.

2. 积分 $\int_0^1\sqrt{1+4x^2}\,dx=$ _____,该积分值的实际意义为_____,利用实际意义比较大小: $\sqrt{2}$ _____ $\dfrac{2\sqrt{5}+\ln(2+\sqrt{5})}{4}$.

二、计算题

1. 在摆线 $x = a(t - \sin t), y = a(1 - \cos t)$ 上求分摆线第一拱为 $1 \colon 3$ 的点的坐标.

2. 求心形线 $\rho = a(1 + \cos\theta)$ 的全长.

3. 求对数螺线 $\rho = \mathrm{e}^{a\theta}$ 相应于 θ 从 0 到 2π 的一段弧的弧长.

4. 求星形线 $x = a\cos^3 t, y = a\sin^3 t$ 的全长.

5. 求曲线 $y = \int_{-\frac{\pi}{2}}^{x} \sqrt{\cos t}\, dt$ 的全长.

习题 6-3

计算题

1. 一物体按规律 $x = ct^3$ 作直线运动,媒质的阻力与速度的平方成正比,计算物体由 $x=0$ 移至 $x=a$ 时,克服媒质阻力所做的功 W.

2. 一锥形贮水池,深 15m,口径 20m,盛满水,今以唧筒将水吸尽,问需做多少功.

3. 一等腰梯形闸门,它的两条底边各长 10m 和 6m,高为 20m,较长的底边与水面相齐,计算闸门的一侧所受的水压力 P.

第 7 章

微分方程

习题 7-1、习题 7-2

一、填空题

1. 形如_____的方程，称为变量分离方程，这里 $f(x), \varphi(y)$ 分别为 x, y 的连续函数.

2. $xy' - y\ln y = 0$ 的通解为_____.

3. $y' = e^{2x+y+1}$ 的通解为_____.

二、选择题

1. 设 c_1, c_2 为任意常数，下列表达式为方程 $y'' + y = 1$ 的通解的是(　　).

   A. $y = 1 + \cos x + \sin x$ B. $y = 1 + \cos x + c_1 \sin x$

   C. $y = 1 + c_1 \cos x + c_2 \sin x$ D. $y = 1 + \cos x - c_1 \sin x$

2. 方程 $(x^2 y''')^2 + x^2 y'' - y = 0$ 的阶数为(　　).

   A. 4   B. 3   C. 6   D. 7

三、计算下列各题

1. 求 $2y' + \sin x - x^3 = 0$ 的通解.

2. 求 $\sin^2 y \, dx + x(1-x) \, dy = 0$ 的通解.

3. 求方程 $e^x \cos y \, dx + (1 + e^x) \sin y \, dy = 0$ 在初始条件 $y(0) = \dfrac{\pi}{4}$ 下的特解.

4. 求方程 $y' + \dfrac{y(1+x^2)}{x(1+y^2)} = 0$ 的通解.

5. 求方程 $y^2 \, dx + (x+1) \, dy = 0$ 的通解，并求满足初始条件 $y(0) = 1$ 的特解.

6. 求 $\tan y \, dx - \cot x \, dy = 0$ 的通解.

四、设 $f(x)$ 在 $\mathbb{R}$ 上可导，且 $\forall x \in \mathbb{R}$，$1 + \displaystyle\int_0^x f(t) \, dt = f(x)$，证明 $f(x) \equiv e^x$.

五、将温度为 100℃ 的开水充进热水瓶，封闭放在 20℃ 室内 24 小时瓶内温度下降到 50℃，问 12 小时后瓶内热水温度是多少（设瓶内热水冷却速度和水温与室温之差成正比）.

六、摩托艇以 5m/s 的速度在静水中运动，全速时发动机停止，过了 20s 后，艇的速度减至 $v_1 = 3m/s$. 试确定发动机停止 2min 后艇的速度（假定水的阻力与艇的运动速度成正比）.

习题 7-3

一、选择题

1. 下列方程为齐次方程的是（　　）.

 A. $y^3 + x^3 y' = x^2 yy'$ B. $(x^2 + y^2)dx + (x^3 + y^3)dy = 0$

 C. $xydx + (x + y)dy = 0$ D. $y' + 2y = 0$

2. 解齐次方程需做代换（　　）.

 A. $u = \dfrac{y}{x}$ B. $u = \dfrac{x}{y}$ C. $u = \dfrac{y}{x}$ 或 $\dfrac{x}{y}$ D. $du = \dfrac{dy}{dx}$

二、解下列各方程

1. $y' = \dfrac{y}{x} + 2\dfrac{x}{y}$.   2. $xyy' + y^2 = x^2$.

3. $y\dfrac{\mathrm{d}x}{\mathrm{d}y}=x+\sqrt{x^2+y^2}$.

4. $(x^3+y^3)\mathrm{d}x+xy^2\mathrm{d}y=0$.

5. $xy'-y=\sqrt{xy}$.

6. $x\dfrac{\mathrm{d}y}{\mathrm{d}x}=y+\sqrt{x^2-y^2}$.

三、求曲线使其上任一点到原点距离等于该点的切线在 x 轴上的截距(在第一象限内).

*四、求 $y'=\dfrac{y}{2x}+\dfrac{1}{2y}\tan\dfrac{y^2}{x}$ 的通解.

习题 7-4

一、选择题

1. 下列哪一个为一阶线性微分方程(　　).

  A. $y'+\sin(xy)=0$ B. $y'+y\sin x=x^2$

  C. $y''+y'+y=0$ D. $(y')^2+(\sin x)y=1$

2. $y'\sec^2 y+P(x)\tan y=Q(x)$ 作下列何种代换可化为一阶线性微分方程(　　).

  A. $z=\tan y$ B. $z=\tan y P(x)$ C. $z=\sec^2 y$ D. $z=Q(x)\cos^2 y$

二、求解下列方程

1. 求 $y'-y\sin x=e^{-\cos x}$ 的通解.

2. 求 $y'-3y=e^{2x}$ 在初始条件 $y(0)=0$ 下的特解.

3. 求 $xy'-2y=x^5$ 在初始条件 $y(1)=1$ 下的特解.

4. 求 $e^y dx+(xe^y-2y)dy=0$ 在初始条件 $y(2)=0$ 下的特解.

5. 求 $y'-y=y^2(x^2+x+1)$ 在初始条件 $y(0)=1$ 下的特解.

6. 求 $xy'+y=y^2x^2\ln x$ 在初始条件 $y(1)=0.5$ 下的特解.

三、求 $f'(y)\dfrac{\mathrm{d}y}{\mathrm{d}x}+p(x)f(y)=Q(x)$ 的通解.

四、一质量为 m 的质点以初速度 v_0 铅直上抛,空气阻力为 $kv^2(k>0)$,求质点到达最高点的时间.

* 习题 7-5

一、求解下列方程

1. 求 $y''' = 2x - \ln x + 1$ 的通解.

2. 求 $y'' + y' = x$ 的通解.

3. 求 $xy'' - y' = 0$ 的通解.

4. 求 $y'' + \dfrac{2}{x}y' = 0$ 的通解.

5. 求 $y''-y'=x$ 满足初始条件 $y|_{x=0}=0, y'|_{x=0}=0$ 的特解.

6. 求 $2yy''+(y')^2=0$ 满足初始条件 $y|_{x=0}=1, y'|_{x=0}=1$ 的特解.

二、求曲率半径为常数 1 的曲线所满足的微分方程.

三、$yy''-(y')^2=0$ 的一条积分曲线通过 $(0,1)$ 点且在该点与 $y=2x+1$ 相切,求此曲线方程.

习题 7-6、习题 7-7

一、填空题

1. $y''+2y'+ay=0$，当 $a=$＿＿＿＿＿＿时，通解形式为 $y=\mathrm{e}^{-x}(c_1+c_2x)$.

2. 设某方程的通解为 $y=c_1\mathrm{e}^x+c_2\mathrm{e}^{-x}$，这个方程为＿＿＿＿＿＿.

3. 以 $y_1=\mathrm{e}^{2x}$，$y_2=x\mathrm{e}^{2x}$ 为特解的二阶常系数齐次线性微分方程为＿＿＿＿＿＿.

4. y_1，y_2 是 $y'+P(x)y=Q(x)$ 的两个不相同的解，则此微分方程的通解为＿＿＿＿＿＿.

二、选择题

1. y_1，y_2，y_3 为 $y''+p(x)y'+Q(x)y=R(x)$ 的三个线性无关的特解，则方程的通解为（　　）.

    A. $c_1y_1+c_2y_2+y_3$　　　　　　　　B. $c_1(y_1-y_2)+c_2(y_2-y_3)$

    C. $y_1+c_1(y_1-y_2)+c_2(y_3-y_1)$　　D. $c_1y_1+c_2y_2+c_3y_3$

2. 已知 $y_i(i=1,2)$ 为 $y''+p(x)y'+Q(x)y=f_1(x)+f_2(x)$ 特解，则（　　）.

    A. y_1-y_2 为 $y''+p(x)y'+Q(x)y=0$ 的解

    B. y_1+y_2 为 $y''+p(x)y'+Q(x)y=f_1(x)+f_2(x)$ 的解

    C. $c_1y_1+c_2y_2$ 为 $y''+p(x)y'+Q(x)y=f_1(x)+f_2(x)$ 的通解

    D. $2(y_1+y_2)$ 为 $y''+p(x)y'+Q(x)y=2(f_1(x)+f_2(x))$ 的通解

三、解下列方程

1. $y''+5y'-66y=0$.

2. $y''+6y'+9y=0$.

3. $y''+16y'+70y=0$.

4. $y''+49y=0$.

5. $y^{(4)}-2y^{(2)}-3y=0$.

6. $y^{(3)}-y=0$.

习题 7-8

一、选择题

1. $y'' + y = 8\sin 2x$ 的特解 y^* 的形式为(　　).

    A. $y^* = a_1\cos 2x + a_2\sin 2x$

    B. $y^* = a_1 x\cos 2x + a_2 x\sin 2x$

    C. $y^* = a(\cos 2x + \sin 2x)$

    D. $y^* = (a_1 x + a_2)\cos 2x + (a_2 x + a_4)\sin 2x$

2. $4y'' - 12y' + 9y = e^{\frac{3x}{2}}(x^2 + 1)$ 的特解形式为(　　).

    A. $(ax^2 + bx + c)e^{\frac{3x}{2}}$ B. $x(ax^2 + bx + c)e^{\frac{3x}{2}}$

    C. $x^2(ax^2 + bx + c)e^{\frac{3x}{2}}$ D. $ax^2 + bx + c + d e^{\frac{3x}{2}}$

二、求解下列各方程

1. $y'' + y = 2x e^x$.

2. $y'' + 2y' = x^2 - x + 0.5$.

3. $2y'' + y' - y = 2e^x + x + 1$.

4. $y''' + 3y'' + 3y' + y = e^x$.

*5. $y'' + y = x\cos2x$.

*6. 设函数 $y(x)$ 满足 $y'(x) = 1 + \int_0^x [6\sin^2 t - y(t)]dt$，$y(0) = 1$ 且二阶可导，求 $y(x)$.

*7. $x'' + x' - 2x = 8\sin2t$.

总习题 7

一、求解下列方程

1. $e^{y'} = x$.

2. $(y^2 - 1)\sin x\, dx - y(1 + \cos^2 x)\, dy = 0$.

3. $y^2\, dx + (x+1)^2\, dy = 0$.

4. $(x^2 - 1)y' + 2xy - \cos x = 0$.

二、求解下列高阶方程

1. 求方程 $2y'' + 3y' = 0$ 在初始条件 $y(0) = 1, y'(0) = -3$ 下的特解.

* 2. $x'' + x = \sin t - \cos 2t$.

三、$\varphi(x)$ 二阶连续可导，且 $\varphi'(0)=0$，又 $\varphi(x)=1+\dfrac{1}{3}\displaystyle\int_0^x\left[-\varphi''(t)-2\varphi(t)+6t\mathrm{e}^{-t}\right]\mathrm{d}t$，求 $\varphi(x)$.

四、一物体徐徐地沉入液体，阻力与下沉的速度成正比，证明其运动规律为 $s=\dfrac{mg}{k}t-\dfrac{m^2g}{k^2}(1-\mathrm{e}^{-\frac{k}{m}t})$.

五、求方程 $(y^3+xy)y'=1$ 满足 $y\big|_{x=0}=0$ 的特解.

习题答案及参考解答

第1章　函数与极限

习题 1-1

一、1. $(-1,5)$.　　2. $\begin{cases} [a,1-a], & 0<a\leqslant\dfrac{1}{2}, \\ \varnothing, & a>\dfrac{1}{2}. \end{cases}$　　3. $(-3,1)\bigcup(1,3]$.

4. $\dfrac{\sqrt{3}}{2},\dfrac{1}{2},0$.　　5. $\dfrac{7}{6}x^2+\dfrac{17}{6}x+1$.　　6. x^2-2,x^2+2.

7. $\begin{cases} \ln\left(\dfrac{1-\sqrt{x^2+1}}{x}\right),x<0, \\ \ln\left(\dfrac{1+\sqrt{x^2+1}}{x}\right),x>0. \end{cases}$　　8. $\dfrac{x-1}{x-2},x\neq1,x\neq2$.　　9. $\left[-\dfrac{1}{3},\dfrac{1}{2}\right]$.

二、1. B.　　2. A.　　3. A.　　4. C.　　5. A.

三、**解**　令 $x-2=t$,则 $x=t+2$,代入原式得 $f(t)=\dfrac{2(t+2)}{2+(t+2)^2}$,即 $f(x)=\dfrac{2(x+2)}{2+(x+2)^2}$.

由此得 $f(x+1)=\dfrac{2(x+3)}{2+(x+3)^2}$, $f(x-1)=\dfrac{2(x+1)}{2+(x+1)^2}$. 所以 $f(x+1)+f(x-1)=$

$\dfrac{2(x+3)}{2+(x+3)^2}+\dfrac{2(x+1)}{2+(x+1)^2}$.

四、**解**

1. $y=\sqrt{z}$, $z=3x-1$.　　　　　　　　2. $y=z^2$, $z=\sin t$, $t=1+2x$.

3. $y=z^5$, $z=1+\ln x$.　　　　　　　　4. $y=\arctan z$, $z=\mathrm{e}^x$.

5. $y=\sqrt{z}$, $z=\ln t$, $t=\sqrt{x}$.　　　　　6. $y=z^2$, $z=\ln t$, $t=\arccos v$, $v=x^3$.

习题 1-2

一、1. B,D.　　2. A.

二、**解**　1. 0; 2. 0; 3. 2; 4. 1.

习题 1-3

一、1. B,D.　　2. D.

二、**解**　$\lim\limits_{x\to3^-}f(x)=\lim\limits_{x\to3^-}x=3$, $\lim\limits_{x\to3^+}f(x)=\lim\limits_{x\to3^+}3x-1=8$. 图形略.

三、证明　　$\dfrac{|x|}{x} = \begin{cases} 1, & x > 0, \\ -1, & x < 0. \end{cases}$ 因为 $\lim\limits_{x \to 0^-} \dfrac{|x|}{x} = -1 \neq \lim\limits_{x \to 0^+} \dfrac{|x|}{x} = 1$，所以 $\lim\limits_{x \to 0} \dfrac{|x|}{x}$

不存在.

习题 1-4

一、1. A,B,C,D.　　2. A,D.　　3. C.

二、解　不一定,例如当 $x \to 0$ 时, $2x$ 与 $3x$ 都是无穷小,但是 $\dfrac{2x}{3x} = \dfrac{2}{3}$ 不是无穷小.

习题 1-5

一、1. 解　$\lim\limits_{x \to 1} \dfrac{x^2 - 1}{2x^2 - x - 1} = \lim\limits_{x \to 1} \dfrac{(x+1)(x-1)}{(2x+1)(x-1)} = \lim\limits_{x \to 1} \dfrac{x+1}{2x+1} = \dfrac{2}{3}.$

2. 解　$\lim\limits_{h \to 0} \dfrac{(x+h)^3 - x^3}{h} = \lim\limits_{h \to 0} \dfrac{(x+h-x)[(x+h)^2 + x(x+h) + x^2]}{h}$

$\qquad\qquad = \lim\limits_{h \to 0} (3x^2 + 3hx + h^2) = 3x^2.$

3. 解　$\lim\limits_{x \to 1} \dfrac{x^3 - 1}{x - 1} = \lim\limits_{x \to 1} \dfrac{(x-1)(x^2 + x + 1)}{x - 1} = \lim\limits_{x \to 1} (x^2 + x + 1) = 3.$

4. 解　$\lim\limits_{x \to \infty} \dfrac{1000x}{x^2 + 1} = \lim\limits_{x \to \infty} \dfrac{\dfrac{1000x}{x^2}}{\dfrac{x^2 + 1}{x^2}} = \lim\limits_{x \to \infty} \dfrac{\dfrac{1000}{x}}{1 + \dfrac{1}{x^2}} = 0.$

5. 解　$\lim\limits_{x \to +\infty} \left(2 + \dfrac{1}{x}\right)\left(3 - \dfrac{1}{x^2}\right) = \lim\limits_{x \to +\infty} \left(2 + \dfrac{1}{x}\right) \lim\limits_{x \to +\infty} \left(3 - \dfrac{1}{x^2}\right) = 2 \times 3 = 6.$

6. 解　$\lim\limits_{x \to \infty} \dfrac{(2x-1)^{30}(3x-2)^{20}}{(2x+1)^{50}} = \lim\limits_{x \to \infty} \dfrac{(2x-1)^{30}}{(2x+1)^{30}} \lim\limits_{x \to \infty} \dfrac{(3x-2)^{20}}{(2x+1)^{20}} = \left(\dfrac{3}{2}\right)^{20}.$

7. 解　$\lim\limits_{n \to \infty} \left(1 + \dfrac{1}{2} + \dfrac{1}{4} + \cdots + \dfrac{1}{2^n}\right) = \lim\limits_{n \to \infty} \dfrac{1 - \left(\dfrac{1}{2}\right)^{n+1}}{1 - \dfrac{1}{2}} = 2 \times (1 - 0) = 2.$

8. 解　$\lim\limits_{x \to 1} \left(\dfrac{3}{1 - x^3} - \dfrac{1}{1 - x}\right) = \lim\limits_{x \to 1} \dfrac{3 - (1 + x^2 + x)}{1 - x^3} = \lim\limits_{x \to 1} \dfrac{-(x+2)(x-1)}{(1-x)(1+x+x^2)}$

$\qquad\qquad = \lim\limits_{x \to 1} \dfrac{x+2}{1 + x + x^2} = 1.$

9. 解　$\lim\limits_{x \to 0} x \cdot \sin \dfrac{1}{x} = 0$ (有界函数与无穷小的乘积还是无穷小).

10. 解　$\lim\limits_{x \to \infty} \dfrac{\arctan x}{x} = 0$ (有界函数与无穷小的乘积还是无穷小).

二、解　$\lim\limits_{x \to \infty} \left(\dfrac{x^2 + 1}{x + 1} - ax - b\right) = \lim\limits_{x \to \infty} \dfrac{x^2 + 1 - (ax + b)(x + 1)}{x + 1} = \lim\limits_{x \to \infty} \dfrac{(1 - a)x^2 - (a + b)x - b + 1}{x + 1},$

若要上式的极限为零,则必须满足 $1 - a = 0$,得到的极限为 $-(a + b)$,所以 $-(a + b) = 0$,

即 $\begin{cases} a = 1, \\ b = -1. \end{cases}$

三、解 当 $|x|<1$ 时，$\lim\limits_{n\to\infty}\dfrac{x^{2n}-1}{x^{2n}+1}x=\dfrac{0-1}{0+1}x=-x$；

当 $|x|=1$ 时，$\lim\limits_{n\to\infty}\dfrac{x^{2n}-1}{x^{2n}+1}x=\dfrac{1-1}{1+1}x=0$；

当 $|x|>1$ 时，$\lim\limits_{n\to\infty}\dfrac{x^{2n}-1}{x^{2n}+1}x=\lim\limits_{n\to\infty}\dfrac{1-\dfrac{1}{x^{2n}}}{1+\dfrac{1}{x^{2n}}}x=x$. 图形略.

四、1. 解 差的极限等于极限的差的前提条件是两者极限都存在，而本题中 $\lim\limits_{x\to2}\dfrac{1}{x-2}$

和 $\lim\limits_{x\to2}\dfrac{4}{x^2-4}$ 的极限都不存在. 正确解法为

$$\lim_{x\to2}\left(\frac{1}{x-2}-\frac{4}{x^2-4}\right)=\lim_{x\to2}\frac{x+2-4}{x^2-4}=\lim_{x\to2}\frac{x-2}{(x+2)(x-2)}=\lim_{x\to2}\frac{1}{x+2}=\frac{1}{4}.$$

2. 解 商的极限等于极限的商的前提条件是分母极限不为 0. 正确解法为：极限不存在.

3. 解 乘积的极限等于极限的乘积的前提是两者的极限都存在，但 $\lim\limits_{x\to0}\sin\dfrac{1}{x}$ 的极限不存在. 正确解法为：有界函数与无穷小的乘积是无穷小，所以 $\lim\limits_{x\to0}x^2\sin\dfrac{1}{x}=0$.

4. 解 无穷多个无穷小的和不一定是无穷小. 正确解法为

$$\lim_{n\to\infty}\left(\frac{1}{n^2}+\frac{2}{n^2}+\cdots+\frac{n-1}{n^2}\right)=\lim_{n\to\infty}\frac{1+2+\cdots+(n-1)}{n^2}=\lim_{n\to\infty}\frac{\dfrac{n(n-1)}{2}}{n^2}$$

$$=\lim_{n\to\infty}\frac{n^2-n}{2n^2}=\frac{1}{2}.$$

习题 1-6

一、1. 解 方法一 $\quad\lim\limits_{x\to0}\dfrac{x-\sin x}{x+\sin x}=\lim\limits_{x\to0}\dfrac{\dfrac{x}{\sin x}-1}{\dfrac{x}{\sin x}+1}=\dfrac{1-1}{1+1}=0.$

方法二 由洛必达法则，得 $\quad\lim\limits_{x\to0}\dfrac{x-\sin x}{x+\sin x}=\lim\limits_{x\to0}\dfrac{1-\cos x}{1+\cos x}=\dfrac{1-1}{1+1}=0.$

2. 解 令 $t=\arcsin x$，则 $x=\sin t$，且 $x\to0$ 时，$t\to0$，于是

$$\lim_{x\to0}\frac{2\arcsin x}{3x}=\lim_{t\to0}\frac{2t}{3\sin t}=\frac{2}{3}.$$

3. 解 $\quad\lim\limits_{x\to0}\dfrac{\tan5x}{x}=\lim\limits_{x\to0}\dfrac{\sin5x}{\cos5x\cdot x}=\lim\limits_{x\to0}\dfrac{1}{\cos5x}\cdot\lim\limits_{x\to0}\dfrac{5\sin5x}{5x}=5.$

4. 解 $\quad\lim\limits_{n\to\infty}\dfrac{\sin x}{2^n\sin\dfrac{x}{2^n}}=\lim\limits_{n\to\infty}\dfrac{\sin x}{x}\cdot\dfrac{\dfrac{x}{2^n}}{\sin\dfrac{x}{2^n}}=\dfrac{\sin x}{x}\lim\limits_{n\to\infty}\dfrac{\dfrac{x}{2^n}}{\sin\dfrac{x}{2^n}}=\dfrac{\sin x}{x}.$

二、1. **解**　$\lim\limits_{x\to\infty}\left(1-\dfrac{1}{x}\right)^{2x}=\lim\limits_{x\to\infty}\left[\left(1-\dfrac{1}{x}\right)^{-x}\right]^{-2}=\mathrm{e}^{-2}$.

2. **解**　$\lim\limits_{x\to\infty}\left(\dfrac{x-1}{x+1}\right)^{x}=\lim\limits_{x\to\infty}\left(1-\dfrac{2}{x+1}\right)^{\frac{x+1}{-2}\cdot\frac{-2x}{x+1}}=\mathrm{e}^{-2}$.

3. **解**　$\lim\limits_{x\to0}(1-x)^{\frac{1}{x}}=\lim\limits_{x\to0}\left[(1-x)^{-\frac{1}{x}}\right]^{-1}=\mathrm{e}^{-1}$.

三、1. **证明**　因为 $1<\sqrt{1+\dfrac{1}{n}}\leqslant1+\dfrac{1}{n}$，又 $\lim\limits_{n\to\infty}1=1=\lim\limits_{n\to\infty}\left(1+\dfrac{1}{n}\right)$，所以 $\lim\limits_{n\to\infty}\sqrt{1+\dfrac{1}{n}}=1$.

2. **证明**　因为

$$\frac{n}{\sqrt{n^2+n}}\leqslant\frac{1}{\sqrt{n^2+1}}+\frac{1}{\sqrt{n^2+2}}+\cdots+\frac{1}{\sqrt{n^2+n}}\leqslant\frac{n}{\sqrt{n^2+1}},$$

而 $\lim\limits_{n\to\infty}\dfrac{n}{\sqrt{n^2+n}}=1=\lim\limits_{n\to\infty}\dfrac{n}{\sqrt{n^2+1}}$，所以

$$\lim\limits_{n\to\infty}\left(\frac{1}{\sqrt{n^2+1}}+\frac{1}{\sqrt{n^2+2}}+\cdots+\frac{1}{\sqrt{n^2+n}}\right)=1.$$

四、1. **解**　已知 $f(x)=x-\lim\limits_{x\to1}f(x)$，对等式两边同时取极限得 $\lim\limits_{x\to1}f(x)=1-\lim\limits_{x\to1}f(x)$，即 $2\lim\limits_{x\to1}f(x)=1$，所以 $\lim\limits_{x\to1}f(x)=\dfrac{1}{2}$.

2. **解**　$\lim\limits_{x\to\infty}\left(\dfrac{x-c}{x+c}\right)^{x}=\lim\limits_{x\to\infty}\left(1-\dfrac{2c}{x+c}\right)^{x}$，令 $t=-\dfrac{2c}{x+c}$，则 $x=-\dfrac{2c}{t}-c$，且 $x\to\infty$ 时，$t\to0$，那么

$$\lim\limits_{x\to\infty}\left(\frac{x-c}{x+c}\right)^{x}=\lim\limits_{x\to\infty}\left(1-\frac{2c}{x+c}\right)^{x}=\lim\limits_{t\to0}\frac{\left[(1+t)^{\frac{1}{t}}\right]^{-2c}}{(1+t)^{c}}=\mathrm{e}^{-2c}=2,$$

所以 $c=-\dfrac{1}{2}\ln2$.

习题 1-7

一、1. B，C.　　2. B.　　3. C.

二、1. **解**　$\lim\limits_{x\to0}\dfrac{x+\sin(x^2)}{x}=1+\lim\limits_{x\to0}x\,\dfrac{\sin(x^2)}{x^2}=1$，所以是等价无穷小.

2. **解**　$\lim\limits_{x\to0}\dfrac{\sqrt[3]{x^2}}{x}=\lim\limits_{x\to0}x^{-\frac{1}{3}}=\infty$，所以是低阶无穷小.

3. **解**　$\lim\limits_{x\to0}\dfrac{\frac{(x+1)x}{4+\sqrt[3]{x}}}{x}=\lim\limits_{x\to0}\dfrac{x+1}{4+\sqrt[3]{x}}=\dfrac{1}{4}$，所以是同阶无穷小.

4. **解**　方法一　$\lim\limits_{x\to0}\dfrac{\tan x-\sin x}{x}=\lim\limits_{x\to0}\dfrac{\frac{\sin x}{\cos x}-\sin x}{x}=\lim\limits_{x\to0}\dfrac{\sin x}{x}\cdot\dfrac{1-\cos x}{\cos x}=0$，所以是高阶无穷小.

方法二　$\lim\limits_{x\to0}\dfrac{\tan x-\sin x}{x}=\lim\limits_{x\to0}\dfrac{\tan x}{x}-\lim\limits_{x\to0}\dfrac{\sin x}{x}=\lim\limits_{x\to0}\dfrac{\sin x}{x}\cdot\dfrac{1}{\cos x}-\lim\limits_{x\to0}\dfrac{\sin x}{x}=1-1=$

0,所以是高阶无穷小.

三、证明 因为

$$\lim_{x \to 0} \frac{\sqrt{4+x}-2}{\sqrt{9+x}-3} = \lim_{x \to 0} \frac{(\sqrt{4+x}-2)(\sqrt{4+x}+2)(\sqrt{9+x}+3)}{(\sqrt{9+x}-3)(\sqrt{9+x}+3)(\sqrt{4+x}+2)}$$

$$= \lim_{x \to 0} \frac{(4+x-4)(\sqrt{9+x}+3)}{(9+x-9)(\sqrt{4+x}+2)} = \frac{3}{2},$$

所以 $\sqrt{4+x}-2$ 与 $\sqrt{9+x}-3$ 是同阶无穷小量.

四、证明 令 $t = \sqrt{1+x}$(当 $x \to 0$ 时, $t \to 1$),则 $x = t^2 - 1$,于是

$$\lim_{x \to 0} \frac{\sqrt{1+x}-1}{\dfrac{x}{2}} = \lim_{t \to 1} \frac{t-1}{\dfrac{t^2-1}{2}} = \lim_{t \to 1} \frac{2}{t+1} = 1,$$

所以 $\sqrt{1+x}-1 \sim \dfrac{x}{2} \ (x \to 0)$.

习题 1-8

一、 A.

二、1. 解 连续.

2. 解 连续.

3. 解 因为 $\lim\limits_{x \to 0^-} \dfrac{\sin x}{|x|} = \lim\limits_{x \to 0^-} \dfrac{\sin x}{-x} = -1 \neq \lim\limits_{x \to 0^+} \dfrac{\sin x}{|x|} = \lim\limits_{x \to 0^+} \dfrac{\sin x}{x} = 1$,所以不连续.

4. 解 连续.

三、解 由于 $-1 \leqslant \cos\dfrac{1}{x} \leqslant 1$ 为有界函数,所以 $\lim\limits_{x \to 0} \sin x \cdot \cos\dfrac{1}{x} = 0$,根据连续的定义知,应补充定义 $f(0) = 0$.

四、解 因为 $\lim\limits_{x \to 0^-} f(x) = \lim\limits_{x \to 0^-} \dfrac{2\sin 2x}{2x} = 2$, $\lim\limits_{x \to 0^+} f(x) = \lim\limits_{x \to 0^+} (3x^2 - 2x + k) = k$,所以当 $k = 2$ 时,函数 $f(x)$ 在其定义域内连续.

五、1. 解 $y = \dfrac{x^2-1}{x^2-3x+2} = \dfrac{(x+1)(x-1)}{(x-1)(x-2)}$, $x = 1$ 为可去间断点, $x = 2$ 为无穷间断点.

2. 解 $x = 1$ 为跳跃间断点.

习题 1-9

一、解 $f(x) = \dfrac{x^3 + 3x^2 - x - 3}{x^2 + x - 6} = \dfrac{(x+1)(x-1)(x+3)}{(x-2)(x+3)}$,所以 $f(x)$ 的连续区间为 $(-\infty, -3) \bigcup (-3, 2) \bigcup (2, +\infty)$.

(1) $\lim\limits_{x \to 0} f(x) = \dfrac{0+0-0-3}{0+0-6} = \dfrac{1}{2}$;

(2) $\lim\limits_{x \to -3} f(x) = \lim\limits_{x \to -3} \dfrac{(x+1)(x-1)(x+3)}{(x-2)(x+3)} = \lim\limits_{x \to -3} \dfrac{(x+1)(x-1)}{x-2} = -\dfrac{8}{5}$;

(3) $\lim\limits_{x \to 2} f(x) = \lim\limits_{x \to 2} \dfrac{(x+1)(x-1)(x+3)}{(x-2)(x+3)} = \lim\limits_{x \to 2} \dfrac{(x+1)(x-1)}{x-2} = \infty$.

二、1. 解　$\lim\limits_{x\to 0}\ln\dfrac{\sin x}{x}=\ln\lim\limits_{x\to 0}\dfrac{\sin x}{x}=\ln 1=0.$

2. 解　$\lim\limits_{x\to\infty}\left(1+\dfrac{1}{x}\right)^{\frac{x}{2}}=\lim\limits_{x\to\infty}\left[\left(1+\dfrac{1}{x}\right)^{x}\right]^{\frac{1}{2}}=\sqrt{e}.$

三、解　(1) $\lim\limits_{x\to 0^-}f(x)=\lim\limits_{x\to 0^-}\dfrac{\sqrt{a}-\sqrt{a-x}}{x}=\lim\limits_{x\to 0^-}\dfrac{(\sqrt{a}-\sqrt{a-x})(\sqrt{a}+\sqrt{a-x})}{x(\sqrt{a}+\sqrt{a-x})}=$

$\lim\limits_{x\to 0^-}\dfrac{1}{\sqrt{a}+\sqrt{a-x}}=\dfrac{1}{2\sqrt{a}}$, $\lim\limits_{x\to 0^+}f(x)=\lim\limits_{x\to 0^+}\dfrac{\cos x}{x+2}=\dfrac{1}{2},$

所以当$\dfrac{1}{2\sqrt{a}}=\dfrac{1}{2}$时,即$a=1$时,$x=0$是$f(x)$的连续点.

(2) 当$a\neq 1$时,$x=0$是$f(x)$的间断点,由于左极限$f(0^-)$和右极限$f(0^+)$都存在,并且左、右极限不相等,所以$x=0$为跳跃间断点.

习题 1-10

一、A,B,D.

二、证明　设$f(x)=x^4-3x^2+7x-10$,则$f(x)$在闭区间$[1,2]$上连续,并且$f(1)=-5<0$,$f(2)=8>0$,即$f(1)\cdot f(2)<0$,根据零点定理,在开区间$(1,2)$内至少有一点ξ,使$f(\xi)=0$,所以曲线$y=x^4-3x^2+7x-10$在$x=1$与$x=2$之间至少与x轴有一个交点.

三、证明　令$F(x)=e^x-2-x$,则$F(x)$在闭区间$[0,2]$上连续,并且$F(0)=-1<0$,$F(2)=e^2-4>0$,即$F(0)\cdot F(2)<0$,根据零点定理,在开区间$(0,2)$内至少有一点x_0,使$F(x_0)=0$,即$e^{x_0}-2-x_0=0$,也就是$e^{x_0}-2=x_0.$

总习题 1

一、1. e^a. 2. 可去. 3. $(-\infty,1]\cup[2,+\infty)$. 4. $-$. 5. 等价无穷小,同阶无穷小.

二、1. D.　2. C.　3. A.　4. C.

三、解　令$x+1=t$,则$x=t-1$,且$0\leqslant x\leqslant 1$时,$1\leqslant t\leqslant 2$,$1<x\leqslant 2$时,$2<t\leqslant 3$,故

$$\phi(t)=\begin{cases}(t-1)^2,&1\leqslant t\leqslant 2,\\2(t-1),&2<t\leqslant 3,\end{cases}\quad\text{即}\quad\phi(x)=\begin{cases}(x-1)^2,&1\leqslant x\leqslant 2,\\2(x-1),&2<x\leqslant 3.\end{cases}$$

四、解　已知$\lim\limits_{x\to 1}\dfrac{x^2+ax+b}{1-x}=5$,根据洛必达法则,有$\lim\limits_{x\to 1}(x^2+ax+b)=0$,即$1+a+b=0$,故$a=-(1+b)$,而$\lim\limits_{x\to 1}\dfrac{x^2+ax+b}{1-x}=\lim\limits_{x\to 1}\dfrac{x^2-(1+b)x+b}{1-x}=\lim\limits_{x\to 1}\dfrac{(x-1)(x-b)}{1-x}=-(1-b)=5$,所以$b=6,a=-7.$

五、解　当$x\to\infty$时,若$f(x)$为无穷小量,则

$$\lim\limits_{x\to\infty}f(x)=\lim\limits_{x\to\infty}\left(\dfrac{px^2-2}{x^2+1}+3qx+5\right)=\lim\limits_{x\to\infty}\left(\dfrac{(p+5)x^2+3}{x^2+1}+3qx\right)=0,$$

所以$3q=0,p+5=0$,即$q=0,p=-5.$

又$f(x)=\dfrac{px^2-2}{x^2+1}+3qx+5=\dfrac{3qx^3+(p+5)x^2+3qx+3}{x^2+1}$,当$x\to\infty$时,若$f(x)$为无

穷大量,那么 $3q \neq 0$,所以 $q \neq 0$,p 任意.

六、1. 解 $\lim\limits_{x \to 0} \dfrac{\sqrt{x+4}-2}{\sin x} = \lim\limits_{x \to 0} \dfrac{(\sqrt{x+4}-2)(\sqrt{x+4}+2)}{(\sqrt{x+4}+2)\sin x} = \lim\limits_{x \to 0} \dfrac{x}{\sin x} \dfrac{1}{(\sqrt{x+4}+2)} = \dfrac{1}{4}.$

2. 解 当 $x \to 0$ 时,$\ln(1+2x) \sim 2x$,于是 $\lim\limits_{x \to 0} \dfrac{\ln(1+2x)}{\sin 3x} = \lim\limits_{x \to 0} \dfrac{2x}{3x} = \dfrac{2}{3}.$

3. 解 $\lim\limits_{n \to \infty} n[\ln(n+2)-\ln n] = \lim\limits_{n \to \infty} \ln\left(\dfrac{n+2}{n}\right)^n = \lim\limits_{n \to \infty} \ln\left[\left(1+\dfrac{2}{n}\right)^{\frac{n}{2}}\right]^2 = \ln e^2 = 2.$

4. 解 当 $x \to 0$ 时,$\ln(1+x^2) \sim x^2$,于是 $\lim\limits_{x \to 0} \dfrac{\ln(1+x^2)}{\sin(1+x^2)} = \lim\limits_{x \to 0} \dfrac{x^2}{\sin(1+x^2)} = 0.$

5. 解
$$\lim\limits_{x \to +\infty} x(\sqrt{x^2+1}-x) = \lim\limits_{x \to +\infty} \dfrac{x(\sqrt{x^2+1}-x)(\sqrt{x^2+1}+x)}{\sqrt{x^2+1}+x}$$
$$= \lim\limits_{x \to +\infty} \dfrac{x}{\sqrt{x^2+1}+x} = \lim\limits_{x \to +\infty} \dfrac{1}{\sqrt{1+\dfrac{1}{x^2}}+1} = \dfrac{1}{2}.$$

6. 解 当 $x \to 0$ 时,$\tan x - \sin x \sim \dfrac{1}{2}x^3$,于是

$$\lim\limits_{x \to 0} \dfrac{\sqrt{1+\tan x}-\sqrt{1+\sin x}}{x^3} = \lim\limits_{x \to 0} \dfrac{(\sqrt{1+\tan x}-\sqrt{1+\sin x})(\sqrt{1+\tan x}+\sqrt{1+\sin x})}{x^3(\sqrt{1+\tan x}+\sqrt{1+\sin x})}$$

$$= \lim\limits_{x \to 0} \dfrac{\tan x - \sin x}{x^3(\sqrt{1+\tan x}+\sqrt{1+\sin x})} = \lim\limits_{x \to 0} \dfrac{\dfrac{1}{2}x^3}{2x^3} = \dfrac{1}{4}.$$

七、证明 令 $F(x) = f(x)-x$,则 $F(x)$ 在闭区间 $[0,1]$ 上连续,并且 $F(0) = f(0) - 0 > 0$,$F(1) = f(1) - 1 < 0$,即 $F(0) \cdot F(1) < 0$,所以在开区间 $(0,1)$ 内至少有一点 c,使 $F(c) = 0$,即 $f(c) = c$.

第 2 章　导数与微分

习题 2-1

一、1. $\dfrac{9}{16}.$

解 设该点坐标为 (x_0, x_0^2),则过此点切线斜率为 $2x_0$,法线斜率为 $-\dfrac{1}{2x_0}$,而法线方程为 $y - x_0^2 = -\dfrac{1}{2x_0}(x-x_0)$,整理得 $y = -\dfrac{1}{2x_0}x + \dfrac{1}{2} + x_0^2$。由题意知,$-\dfrac{1}{2x_0} = 2$,$x_0 = -\dfrac{1}{4}$,代入上式得 $b = \dfrac{9}{16}.$

2. $3 - gt_0 - \dfrac{1}{2}g\Delta t$,$3 - gt_0$,$\dfrac{3}{g}.$

解 (1) 平均速度 $\bar{v} = \dfrac{s(t_0+\Delta t)-s(t_0)}{\Delta t} = \dfrac{3(t_0+\Delta t)-\dfrac{1}{2}g(t_0+\Delta t)^2 - \left(3t_0 - \dfrac{1}{2}gt_0^2\right)}{\Delta t}$

$$=3-gt_0-\frac{1}{2}g\Delta t;$$

（2）t_0 时刻即时速度 $v=\lim\limits_{\Delta t\to 0}\bar{v}=3-gt_0;$

（3）$v=0$ 时，达到最高点，所以到达最高点的时刻为 $\dfrac{3}{g}$.

二、1. A,C,D.

解　A 由导数定义直接可得，B 选项的错误在于，自变量增量不一致. C 变形为

$$\lim\limits_{\Delta x\to 0}\frac{f(x_0)-f(x_0-\Delta x)}{\Delta x}=\lim\limits_{\Delta x\to 0}\frac{f(x_0-\Delta x)-f(x_0)}{-\Delta x}=f'(x_0)$$

D 可以写成

$$\lim\limits_{\Delta x\to 0}\frac{f(x_0+\Delta x)-f(x_0)+f(x_0)-f(x_0-\Delta x)}{2\Delta x}=\frac{1}{2}f'(x_0)+\frac{1}{2}f'(x_0)=f'(x_0).$$

2. A,B,C,D.

解　依题可知，$f(x)$ 在 $x=a$ 可导，A 正确. 可导则连续，B 正确. 连续则由定义知 $\lim\limits_{x\to a}f(x)=f(a)$，C 正确. 可微与可导等价，故 D 也正确.

3. A,D.

解　$f(0)=1,f(1)=0$，用定义判断函数在 $x=0,1$ 的左右导数可知，函数在 $x=0$ 处可导，在 $x=1$ 处不可导.

三、求下列函数的导数：

1. **解**　$(x^\mu)'=\mu x^{\mu-1}$，由 $y=x^{-\frac{1}{2}}$，故 $y'=-\dfrac{1}{2}x^{-\frac{3}{2}}$.

2. **解**　$(x^\mu)'=\mu x^{\mu-1}$，由 $y=x^{\frac{16}{5}}$，故 $y'=\dfrac{16}{5}x^{\frac{11}{5}}$.

四、**解**　由 $y'=2x$，故在 $x=3$ 处的切线斜率为 6，法线斜率为 $-\dfrac{1}{6}$，因为过点 $(3,9)$，所以可得切线方程为 $y=6x-9$，法线方程为 $y=-\dfrac{1}{6}x+\dfrac{19}{2}$.

五、**解**　因为 $\lim\limits_{x\to 0}\dfrac{x|x|-0}{x}=\lim\limits_{x\to 0}|x|=0$，所以由导数定义知，函数在 $x=0$ 处可导.

习题 2-2

一、1. $y'=2\cdot\dfrac{1}{2\sqrt{x}}+\dfrac{1}{x^2}=\dfrac{1}{\sqrt{x}}+\dfrac{1}{x^2}$.　　　　2. $y'=\dfrac{2}{\sqrt[3]{x}}+\dfrac{3}{x^4}$.

3. $y'=\ln x+x\cdot\dfrac{1}{x}=\ln x+1$.

4. $y'=\dfrac{\cos x(1+\cos x)-\sin x\cdot(-\sin x)}{(1+\cos x)^2}=\dfrac{1}{1+\cos x}$.

二、1. C.

解　因为 $\lim\limits_{x\to 0}\dfrac{f(x)-f(0)}{x}=\lim\limits_{x\to 0}\dfrac{xg(x)-0}{x}=\lim\limits_{x\to 0}g(x)=g(0)$，由导数定义可知，$f(x)$ 在 $x=0$ 可导，故选择 C，其他答案不正确.

2. A,C,D.

解 由求导法则直接验证即可.

3. B.

解 由题意知 $f(x)=-f(-x)$,故 $f'(x)=-f'(-x)(-1)=f'(-x)$,进一步可得 $f'(x_0)=f'(-x_0)=-k$.故选 B.

三、1. **解** $y'=(2x-1)(3x+2)+2x(3x+2)+3x(2x-1)$.

2. **解** $y'=\tan x+x\sec^2 x-\csc^2 x$.

3. **解** $y'=\dfrac{1}{x}\log_a x+\ln x\dfrac{1}{x\ln a}-\ln a\dfrac{1}{x\ln a}=\dfrac{2}{x}\log_a x-\dfrac{1}{x}$.

4. **解** $f'(t)=\dfrac{-\dfrac{1}{2\sqrt{t}}(1+\sqrt{t})-\dfrac{1}{2\sqrt{t}}(1-\sqrt{t})}{(1+\sqrt{t})^2}=\dfrac{-\dfrac{1}{\sqrt{t}}}{(1+\sqrt{t})^2}$,故 $f'(4)=-\dfrac{1}{18}$.

5. **解** $y'=3x^2\left(5-\dfrac{1}{x^2}\right)+(1+x^3)\dfrac{2}{x^3}$,故 $y'|_{x=1}=16$,$y'|_{x=a}=15a^2-1+\dfrac{2}{a^3}$.

四、1. **解** $y'=6(x^3-x)^5(3x^2-1)$.

2. **解** $y'=2\sin(2x-1)\cos(2x-1)\cdot 2=4\sin(2x-1)\cos(2x-1)$.

3. **解** $y'=3(\ln x^2)^2\cdot\dfrac{1}{x^2}\cdot 2x=\dfrac{6}{x}(\ln x^2)^2$.

4. **解** $y'=\dfrac{1}{2\sqrt{x+\sqrt{x+\sqrt{x}}}}(1+(\sqrt{x+\sqrt{x}})')=\dfrac{1}{2\sqrt{x+\sqrt{x+\sqrt{x}}}}\left(1+\dfrac{1+\dfrac{1}{2\sqrt{x}}}{2\sqrt{x+\sqrt{x}}}\right)$.

5. **解** $y'=\dfrac{1}{\tan x}\sec^2 x=\sec x\csc x$.

6. **解** $y'=\cos[\cos^2(x^3)]\cdot[\cos^2(x^3)]'=-3x^2\sin(2x^3)\cos[\cos^2(x^3)]$.

五、1. **解** $y'=\dfrac{1}{\sqrt{1-(1-2x)^2}}(1-2x)'=\dfrac{-2}{\sqrt{1-(1-2x)^2}}$.

2. **解** $y'=\dfrac{2x}{1+(1+x^2)^2}$.

3. **解** $y'=a^{\arctan\sqrt{x}}\ln a\cdot(\arctan\sqrt{x})'=\dfrac{\ln a}{2\sqrt{x}(1+x)}a^{\arctan\sqrt{x}}$.

4. **解** $y'=\dfrac{(\arccos x)'\cdot\sqrt{1-x^2}-\arccos x\cdot(\sqrt{1-x^2})'}{1-x^2}=\dfrac{x\arccos x-\sqrt{1-x^2}}{(1-x^2)^{\frac{3}{2}}}$.

5. **解** $y'=\dfrac{-1}{\sqrt{1-(1-x)^2}}+\dfrac{2-2x}{2\sqrt{2x-x^2}}=\dfrac{-x}{\sqrt{2x-x^2}}$.

6. **解** $y'=\arcsin\dfrac{x}{2}+\dfrac{\dfrac{x}{2}}{\sqrt{1-\dfrac{x^2}{4}}}+\dfrac{-x}{\sqrt{4-x^2}}=\arcsin\dfrac{x}{2}$.

7. **解** $y'=\mathrm{e}^x f'(\mathrm{e}^x)$.

8. **解** $y'=3\sin^2 x \cdot \cos x \cdot f'(\sin^3 x)$.

9. **解** $y'=\sinh(\sinh x)\cosh x$.

10. **解** $y'=\mathrm{e}^{\cosh x}(\cosh x+\sinh^2 x)$.

六、**解** 因为 $v=S'$,所以本题只需求出 $S'=0$ 时对应的时间 t 的值.因为 $S'=t^3-12t^2+32t$,解 $t^3-12t^2+32t=0$ 得 $t=0,4,8$.所以共在这三个时刻速度为零.

七、**解** 设曲线上过 (x_0,y_0) 的切线为直线 $y=3x+b$,则有 $y'|_{x=x_0}=2x_0+5=3$,所以 $x_0=-1$,此时 $y_0=0$.进一步可知过 $(-1,0)$ 的切线方程为 $y=3x+3$,所以 $b=3$.

习题 2-3

一、1. C.

解 根据 $(\sin x)^{(n)}=\sin\left(x+\dfrac{n\pi}{2}\right)$ 可知,$y^{(10)}=-\sin x$.故选 C.

2. C.

解 $y'=\ln x+1,y''=\dfrac{1}{x},y'''=-\dfrac{1}{x^2}=-x^{-2},y^{(4)}=2!\ x^{-3}$,以此类推可得到答案.故选 C.

3. D.

解 因为 $y'=\mathrm{e}^{f(x)}f'(x)$,所以 $y''=\mathrm{e}^{f(x)}\{[f'(x)]^2+f''(x)\}$.故选 D.

二、1. **解** $y'=2\mathrm{e}^{2x-1},y''=4\mathrm{e}^{2x-1}$.

2. **解** $y'=\ln(x+\sqrt{x^2+a^2})+\dfrac{x\left(1+\dfrac{x}{\sqrt{x^2+a^2}}\right)}{x+\sqrt{x^2+a^2}}-\dfrac{x}{\sqrt{x^2+a^2}}=\ln(x+\sqrt{x^2+a^2})$,

$y''=\dfrac{1}{\sqrt{x^2+a^2}}$.

三、**解** 因为 $v=s'=\dfrac{1}{2}(\mathrm{e}^t+\mathrm{e}^{-t})$,而 $a=v'=\dfrac{1}{2}(\mathrm{e}^t-\mathrm{e}^{-t})$,所以 $a=s$.

四、1. **解** $y'=\dfrac{-2}{(1+x)^2},y''=\dfrac{4}{(1+x)^3}$,再求 $y'''=-\dfrac{2\times 3!}{(1+x)^4}$,进而发现规律 $y^{(n)}=(-1)^n\dfrac{2\cdot n!}{(1+x)^{n+1}}$.

2. **解** $f'(x)=\dfrac{1}{1-x},f''(x)=\dfrac{1}{(1-x)^2},f'''(x)=\dfrac{2}{(1-x)^3}$,所以 $f^{(n)}(x)=\dfrac{(n-1)!}{(1-x)^n}$,$f^{(n)}(0)=(n-1)!$.

习题 2-4

一、1. **解** 方程两端对 x 求导得 $2x-2y\cdot\dfrac{\mathrm{d}y}{\mathrm{d}x}=y+x\cdot\dfrac{\mathrm{d}y}{\mathrm{d}x}$,整理得 $\dfrac{\mathrm{d}y}{\mathrm{d}x}=\dfrac{2x-y}{x+2y}$.

2. **解** 方程两端对 x 求导得 $\dfrac{y'x-y}{\left(1+\dfrac{y^2}{x^2}\right)x^2}=\dfrac{1}{\sqrt{x^2+y^2}}\cdot\dfrac{x+y\cdot y'}{\sqrt{x^2+y^2}}$,整理得 $y'=\dfrac{x+y}{x-y}$.

3. 解 方程两边对 x 求导得 $y+xy'+\dfrac{y'}{y}=0$，整理得 $y'=\dfrac{-y^2}{1+xy}$.

二、1. 解 方程两边对 x 求导得 $y'=e^y+xe^y\cdot y'$，整理得 $y'=\dfrac{e^y}{1-xe^y}$，故

$$y''=\dfrac{e^y\cdot y'(1-xe^y)-e^y(-e^y-xe^y\cdot y')}{(1-xe^y)^2},$$

将 $y'=e^y+xe^y\cdot y'$，y' 的表达式及 $y=1+xe^y$ 依次代入上式得

$$y''=\dfrac{e^{2y}(3-y)}{(2-y)^3}.$$

2. 解 方程两边对 x 求导得 $1=y'+\dfrac{y'}{1+y^2}$，整理得 $y'=\dfrac{1+y^2}{2+y^2}$，故

$$y''=\dfrac{2y\cdot y'(2+y^2)-(1+y^2)2y\cdot y'}{(2+y^2)^2},$$

将 $y'=\dfrac{1+y^2}{2+y^2}$ 代入上式整理得 $y''=\dfrac{2y(1+y^2)}{(2+y^2)^3}$.

三、1. 解 两边取对数得

$$\ln y=\dfrac{1}{2}\ln(x+2)+4\ln(3-x)-5\ln(x+1),$$

两边对 x 求导得 $\dfrac{y'}{y}=\dfrac{1}{2(x+2)}-\dfrac{4}{3-x}-\dfrac{5}{x+1}$，所以

$$y'=\dfrac{\sqrt{x+2}(3-x)^4}{(x+1)^5}\left[\dfrac{1}{2(x+2)}-\dfrac{4}{3-x}-\dfrac{5}{x+1}\right].$$

2. 解 两边取对数得

$$\ln y=\dfrac{1}{2}\left[\ln x+\ln(x^2+1)-2\ln(x^2-1)\right],$$

两边对 x 求导得 $\dfrac{y'}{y}=\dfrac{1}{2}\left(\dfrac{1}{x}+\dfrac{2x}{1+x^2}-\dfrac{4x}{x^2-1}\right)$，所以

$$y'=\dfrac{1}{2}\sqrt{\dfrac{x(x^2+1)}{(x^2-1)^2}}\left(\dfrac{1}{x}+\dfrac{2x}{1+x^2}-\dfrac{4x}{x^2-1}\right).$$

3. 解 两边取对数得

$$\ln y=\cos x\ln(\sin x)\quad(\sin x>0)$$

两边对 x 求导得 $\dfrac{y'}{y}=-\sin x\ln\sin x+\cos x\cot x$，所以

$$y'=(\sin x)^{\cos x}(-\sin x\ln\sin x+\cos x\cot x).$$

四、1. 解 $\dfrac{\mathrm{d}x}{\mathrm{d}t}=-\dfrac{1}{(t+1)^2}$，$\dfrac{\mathrm{d}y}{\mathrm{d}t}=\dfrac{1-t}{(t+1)^3}$，$\dfrac{\mathrm{d}y}{\mathrm{d}x}=\dfrac{\frac{\mathrm{d}y}{\mathrm{d}t}}{\frac{\mathrm{d}x}{\mathrm{d}t}}=\dfrac{t-1}{t+1}$.

2. 解 $\dfrac{\mathrm{d}x}{\mathrm{d}t}=-3a\cos^2 t\sin t$，$\dfrac{\mathrm{d}y}{\mathrm{d}t}=3b\sin^2 t\cos t$，$\dfrac{\mathrm{d}y}{\mathrm{d}x}=\dfrac{\frac{\mathrm{d}y}{\mathrm{d}t}}{\frac{\mathrm{d}x}{\mathrm{d}t}}=-\dfrac{b}{a}\tan t$.

五、1. 解　$\dfrac{\mathrm{d}y}{\mathrm{d}x}=\dfrac{\frac{\mathrm{d}y}{\mathrm{d}t}}{\frac{\mathrm{d}x}{\mathrm{d}t}}=\dfrac{\frac{2t}{1+t^2}}{\frac{1}{1+t^2}}=2t$，$\dfrac{\mathrm{d}^2y}{\mathrm{d}x^2}=\dfrac{\frac{\mathrm{d}}{\mathrm{d}t}\left(\frac{\mathrm{d}y}{\mathrm{d}x}\right)}{\frac{\mathrm{d}x}{\mathrm{d}t}}=2(1+t^2).$

2. 解　$\dfrac{\mathrm{d}y}{\mathrm{d}x}=\dfrac{\frac{\mathrm{d}y}{\mathrm{d}t}}{\frac{\mathrm{d}x}{\mathrm{d}t}}=\dfrac{\frac{1}{(1-t)^2}}{\frac{1}{t}}=\dfrac{t}{(1-t)^2}$，$\dfrac{\mathrm{d}^2y}{\mathrm{d}x^2}=\dfrac{\frac{\mathrm{d}}{\mathrm{d}t}\left(\frac{\mathrm{d}y}{\mathrm{d}x}\right)}{\frac{\mathrm{d}x}{\mathrm{d}t}}=\dfrac{t(1+t)}{(1-t)^3}.$

习题 2-5

一、1. A，B，C，D.

解　根据题意，$f(x)$ 在点 x_0 处可微，所以在点 x_0 处连续，且 $f'(x_0)=a$. 根据微分的定义很容易得到 C，D. 故选 A，B，C，D.

2. A，B，C.

解　因为在 $x=0$ 处的右导数为 $\lim\limits_{x\to 0^+}\dfrac{f(x)-f(0)}{x}=\lim\limits_{x\to 0^+}\dfrac{x\mathrm{e}^x}{x}=1$，左导数为 $\lim\limits_{x\to 0^-}\dfrac{f(x)-f(0)}{x}=\lim\limits_{x\to 0^-}\dfrac{x}{x}=1$，即在 $x=0$ 处的左导数等于右导数，所以可导，故可微，且连续. 故选 A，B，C.

3. B，D.

解　$y'=\mathrm{e}^x f'(\mathrm{e}^x)$，故 $\mathrm{d}y=f'(\mathrm{e}^x)\mathrm{e}^x\mathrm{d}x$，因为 $\mathrm{e}^x\mathrm{d}x=\mathrm{d}\mathrm{e}^x$，所以 $\mathrm{d}y=f'(\mathrm{e}^x)\mathrm{d}\mathrm{e}^x$. 故选 B，D.

二、解

(1) $\mathrm{d}\left(\dfrac{ax^3}{3}+\dfrac{hx^2}{2}+ex+c\right)=(ax^2+hx+e)\mathrm{d}x.$

(2) $2\sin x\cdot\cos x\,\mathrm{d}x=2\sin x\,\mathrm{d}(\sin x)=\mathrm{d}(\sin^2 x+c).$

(3) $\dfrac{2\arcsin x}{\sqrt{1-x^2}}\mathrm{d}x=2\arcsin x\,\mathrm{d}\arcsin x=\mathrm{d}(\arcsin^2 x+c).$

(4) $\mathrm{d}(\sin^2(\tan x))=2\sin(\tan x)\cos(\tan x)\mathrm{d}(\tan x).$

(5) $\mathrm{d}(\ln(1+2\cos x))=\dfrac{-2\sin x}{1+2\cos x}\mathrm{d}x=\dfrac{-\sin x}{x(1+2\cos x)}\mathrm{d}(x^2).$

三、解　$\mathrm{d}y=\dfrac{1}{1+\frac{25}{9}\tan^2\frac{x}{2}}\cdot\dfrac{5}{3}\sec^2\dfrac{x}{2}\cdot\dfrac{1}{2}\mathrm{d}x=\dfrac{15\sec^2\frac{x}{2}}{2\left(9+25\tan^2\frac{x}{2}\right)}\mathrm{d}x.$

四、1. 解　$\mathrm{d}y=2\cos 2x\,\mathrm{d}x.$

2. 解　$\mathrm{d}y=\dfrac{1}{\sqrt{1-(1-x^2)}}\cdot\dfrac{-x}{\sqrt{1-x^2}}\mathrm{d}x=\dfrac{-x}{|x|\sqrt{1-x^2}}\mathrm{d}x.$

总习题 2

一、1. 1. 解　$k=y'|_{x=1}=\dfrac{1}{x}\Big|_{x=1}=1.$

2. gt. 解　$v=h'(t)=gt.$

3. 不可微.

解 由题知,$f(0)=1$.下面判断函数在 $x=0$ 处的左右导数.

$$f'_-(x)=\lim_{x\to 0^-}\frac{f(x)-f(0)}{x}=\lim_{x\to 0^-}\frac{1-\sin(x)-1}{x}=-1,$$

$$f'_+(x)=\lim_{x\to 0^+}\frac{f(x)-f(0)}{x}=\lim_{x\to 0^+}\frac{\mathrm{e}^x-1}{x}=1,$$

此函数在 $x=0$ 处的左导数和右导数不相等,故不可导,所以不可微.

4. $(n+1)!$

解 由 $f(x)=x(x-1),f''(x)=2!,f(x)=x(x-1)(x-2),f'''(x)=3!,$故 $f^{(n+1)}(x)=(n+1)!$.

二、1. A.

解 因为 $\lim\limits_{x\to 1}\frac{|x-1|}{x}=f(1)=0$,所以函数在 $x=1$ 处连续.又因为

$$\lim_{x\to 1^+}\frac{f(x)-f(1)}{x-1}=\lim_{x\to 1^+}\frac{\frac{x-1}{x}-0}{x-1}=1,$$

$$\lim_{x\to 1^-}\frac{f(x)-f(1)}{x-1}=\lim_{x\to 1-}\frac{\frac{1-x}{x}-0}{x-1}=-1,$$

容易看出,此函数在 $x=1$ 处的左导数不等于右导数,所以不可导.选 A.

2. D.

解 $f(1)=0$,根据导数定义,有

$$f'(1)=\lim_{x\to 0}\frac{f(1+x)-f(1)}{x}=\lim_{x\to 0}\frac{[(x+1)^3-1]g(x+1)-0}{x}.$$

因为 $(x+1)^3-1=x(x^2+3x+3)$,所以 $f'(1)=\lim\limits_{x\to 0}(x^2+3x+3)g(x+1)=3g(1)$ (因为 $g(x)$ 在 $x=1$ 连续).故 $f'(1)=3g(1)=0$.选 D.

3. C.

解 切线平行于 x 轴,即斜率为零.解方程 $y'=3x^2-3=0$,知 $x=\pm 1$,这时 $y=\mp 2$.故选择 C.

三、**解** $f(1)=2$,且

$$f'_-(1)=\lim_{x\to 0^-}\frac{(x+1)^2+1-2}{x}=2, \qquad f'_+(1)=\lim_{x\to 0^+}\frac{3(x+1)-1-2}{x}=3.$$

左导数不等于右导数,所以在 $x=1$ 处不可导.

四、**解** 当 $x<0$ 时,$f'(x)=1$;当 $x>0$ 时,$f'(x)=\frac{1}{1+x}$;

当 $x=0$ 时,$f'_+(0)=\lim\limits_{x\to 0^+}\frac{f(x)-f(0)}{x}=\lim\limits_{x\to 0^+}\frac{\ln(1+x)}{x}=1,f'_-(0)=\lim\limits_{x\to 0^-}\frac{f(x)-f(0)}{x}=1,$

所以 $f'(0)=1$,故 $f'(x)=\begin{cases}1, & x\leqslant 0, \\ \dfrac{1}{1+x}, & x>0.\end{cases}$

五、1. **解** $y' = -2\cos x \sin x \ln x + \cos^2 x \cdot \dfrac{1}{x} = -\sin 2x \cdot \ln x + \dfrac{\cos^2 x}{x}$.

2. **解** $y' = \dfrac{1}{x + \sqrt{1+x^2}}\left(1 + \dfrac{x}{\sqrt{1+x^2}}\right) = \dfrac{1}{\sqrt{1+x^2}}$.

3. **解** 方程两端对 x 求导得 $1 + y' - e^{xy}(y + xy') = 0$, 整理得 $y' = \dfrac{ye^{xy} - 1}{1 - xe^{xy}}$.

4. **解** 因为 $\dfrac{\mathrm{d}y}{\mathrm{d}t} = \cos t, \dfrac{\mathrm{d}x}{\mathrm{d}t} = \dfrac{1}{1+t}$, 所以 $\dfrac{\mathrm{d}y}{\mathrm{d}x} = \dfrac{\dfrac{\mathrm{d}y}{\mathrm{d}t}}{\dfrac{\mathrm{d}x}{\mathrm{d}t}} = (1+t)\cos t$; 进而

$$\frac{\mathrm{d}^2 y}{\mathrm{d}x^2} = \frac{\dfrac{\mathrm{d}\left(\dfrac{\mathrm{d}y}{\mathrm{d}x}\right)}{\mathrm{d}t}}{\dfrac{\mathrm{d}x}{\mathrm{d}t}} = (\cos t - \sin t - t\sin t)(1+t).$$

六、**解** $f'(x) = 2ax, g'(x) = \dfrac{1}{x}$. 相切则两条曲线只有一个交点, 且两条曲线在此点的切线有相同的斜率, 即此点满足 $f(x) = g(x), f'(x) = g'(x)$. 从而有 $ax^2 = \ln x, 2ax = \dfrac{1}{x}$, 代入结果可得 $\ln\dfrac{1}{2a} = 1$, 即 $a = \dfrac{1}{2e}$.

七、**解** 显然 $f(a) = 0$, 于是 $f'(a) = \lim\limits_{x \to a} \dfrac{f(x) - f(a)}{x - a} = \lim\limits_{x \to a} \dfrac{(x^2 - a^2)g(x)}{x - a} = \lim\limits_{x \to a}(x+a)g(x) = 2ag(a)$ (因为 $g(x)$ 在 $x = a$ 处连续), 而 $g(a) = 1$, 故 $f'(a) = 2a$.

八、**解** 由方程可知, 当 $x = 0$ 时, $y = 1$. 两边对 x 求导得 $y'e^y + y + xy' = 0$, 整理得到 $y' = \dfrac{-y}{x + e^y}$. 再求导得

$$y'' = \frac{-y'(x + e^y) + y(1 + y'e^y)}{(x + e^y)^2},$$

将 y' 代入上式得到

$$y'' = \frac{2y(x + e^y) - y^2 e^y}{(x + e^y)^3}, \qquad 从而 y''(0) = \frac{1}{e^2}.$$

九、1. **解** $f(x) = \dfrac{1}{x-2} - \dfrac{1}{x-1}$, 于是有 $f^{(n)}(x) = (-1)^n\left[\dfrac{n!}{(x-2)^{n+1}} - \dfrac{n!}{(x-1)^{n+1}}\right]$.

2. **解** $f'(0) = \lim\limits_{x \to 0} \dfrac{f(x) - f(0)}{x} = \lim\limits_{x \to 0} \dfrac{x(x-1)(x-2)\cdots(x-n) - 0}{x} = \lim\limits_{x \to 0}(x-1)(x-2)\cdots(x-n) = (-1)^n n!$.

十、**解** $f'(x)\big|_{x=1} = nx^{n-1}\big|_{x=1} = n$, 所以切线为 $y - 1 = n(x-1)$, 它与 x 轴交点为 $x = 1 - \dfrac{1}{n} = \xi_n$, 所以 $\lim\limits_{n \to \infty} f(\xi_n) = \lim\limits_{n \to \infty}\left(1 - \dfrac{1}{n}\right)^n = \dfrac{1}{e}$.

第 3 章　微分中值定理与导数的应用

习题 3-1

一、1. (a,b).

解　根据罗尔定理知 $\xi \in (a,b)$.

2. $f(x+\Delta x)-f(x)=f'(x+\theta\Delta x)\Delta x (0<\theta<1)$.

解　依据有限增量公式 $f(x+\Delta x)-f(x)=f'(x+\theta\Delta x)\Delta x (0<\theta<1)$.

3. $\dfrac{14}{9}$.

解　对函数 $F(x)=x^2$ 和 $f(x)=x^3$ 在区间 $[1,2]$ 上应用柯西中值定理,有 $\dfrac{f(2)-f(1)}{F(2)-F(1)}=\dfrac{f'(\xi)}{F'(\xi)}$,即 $\dfrac{8-1}{4-1}=\dfrac{3\xi^2}{2\xi}$,因此 $\xi=\dfrac{14}{9}$.

二、1. D.

解　罗尔定理的三个条件缺一不可. 选项 A 中 $f(0)\neq f(1)$;选项 B 中 $f(x)$ 在 $x=1$ 处 $f'_{-}(1)\neq f'_{+}(1)$,因此不可导,其中 $f'_{-}(1)=\lim\limits_{x\to 1^-}\dfrac{f(x)-f(1)}{x-1}=\lim\limits_{x\to 1^-}\dfrac{x-1}{x-1}=1$,$f'_{+}(1)=\lim\limits_{x\to 1^+}\dfrac{f(x)-f(1)}{x-1}=\lim\limits_{x\to 1^+}\dfrac{2-x-1}{x-1}=-1$;选项 C 中 $f(x)$ 在 $x=1$ 处无定义因此不连续. 故选 D.

2. D.

解　拉格朗日中值定理需满足两个条件. 选项 D 的函数在 $x=0$ 处 $f'_{-}(0)\neq f'_{+}(0)$,因此不可导,其中 $f'_{-}(0)=\lim\limits_{x\to 0^-}\dfrac{f(x)-f(0)}{x-0}=\lim\limits_{x\to 0^-}\dfrac{-x-0}{x-0}=-1$,而 $f'_{+}(0)=\lim\limits_{x\to 0^+}\dfrac{f(x)-f(0)}{x-0}=\lim\limits_{x\to 0^+}\dfrac{x-0}{x-0}=1$. 故选 D.

三、**证明**　设 $f(x)=2\arctan x+\arcsin\dfrac{2x}{1+x^2}$,其定义域为实数集 $\mathbb{R}$. 故 $f(x)$ 在区间 $[1,+\infty)$ 上连续,在 $(1,+\infty)$ 内可导,并且

$$f'(x)=\dfrac{2}{1+x^2}+\dfrac{1}{\sqrt{1-\left(\dfrac{2x}{1+x^2}\right)^2}}\cdot\dfrac{2(1+x^2)-4x^2}{(1+x^2)^2}.$$

由于 $x\geqslant 1$,所以在区间 $(1,+\infty)$ 内 $f'(x)\equiv 0$,于是在区间 $(1,+\infty)$ 内 $f(x)\equiv C$(C 为常数). 因此 $f(x)=f(1)=\pi$,即当 $x\geqslant 1$ 时,有 $2\arctan x+\arcsin\dfrac{2x}{1+x^2}=\pi$ 成立.

四、**证明**　在区间 (a,b) 内任取两点 x_1,x_2,并且 $x_1<x_2$. 因此 $f(x)$ 在闭区间 $[x_1,x_2]$ 上连续,在开区间 (x_1,x_2) 内可导. 由拉格朗日中值定理,有 $f(x_2)-f(x_1)=f'(\xi)(x_2-x_1)$,其中 $x_1<\xi<x_2$,由已知 $f'(\xi)<0$,且 $x_1<x_2$,所以 $f(x_2)-f(x_1)<0$,因 x_1,x_2 是区间 (a,b) 内任意两点,且 $x_1<x_2$,有 $f(x_2)<f(x_1)$,所以由单调性定义知 $f(x)$ 在 (a,b) 内严格单调减少.

五、证明　设 $f(x)=a_0\ln(1+x)+a_1\ln(1+2x)+\cdots+a_{n-1}\ln(1+nx)$. 因 $x_0>0$, 故 $f(x)$ 在闭区间 $[0,x_0]$ 上连续, 在开区间 $(0,x_0)$ 内可导, 并且 $f(x_0)=f(0)=0$. 根据罗尔定理, 在 $(0,x_0)$ 内至少有一点 ξ, 使得 $f'(\xi)=0$, 即 $f'(\xi)=\dfrac{a_0}{1+\xi}+\dfrac{2a_1}{1+2\xi}+\cdots+\dfrac{na_{n-1}}{1+n\xi}=0$, 因此方程 $\dfrac{a_0}{1+x}+\dfrac{2a_1}{1+2x}+\cdots+\dfrac{na_{n-1}}{1+nx}=0$ 必有一个小于 x_0 的正根.

六、证明　设 $f(t)=\ln t$, 因 $x>0$, 故 $f(t)$ 在闭区间 $[x,1+x]$ 上连续, 在开区间 $(x,1+x)$ 内可导, 依据拉格朗日中值定理, 有 $f(1+x)-f(x)=f'(\xi)(1+x-x)$, 其中 $x<\xi<1+x$, $f'(\xi)=\dfrac{1}{\xi}$, $f(1+x)-f(x)=\ln(1+x)-\ln x$. 因此上式即为 $\ln(1+x)-\ln x=\dfrac{1}{\xi}$, 注意 $x<\xi<x+1$, 故 $\dfrac{1}{1+x}<\dfrac{1}{\xi}<\dfrac{1}{x}$, 即 $\dfrac{1}{1+x}<\ln(1+x)-\ln x<\dfrac{1}{x}$, $x>0$.

七、证明　方法一(柯西中值定理)　令 $F(x)=\dfrac{1}{x}$, 因为 $0<a<b$, 故 $F(x)$ 在 $[a,b]$ 上连续, 在 (a,b) 内可导. 因此函数 $f(x)$ 和 $F(x)$ 在区间 $[a,b]$ 上满足柯西中值定理的条件, 有 $\dfrac{f(b)-f(a)}{F(b)-F(a)}=\dfrac{f'(\xi)}{F'(\xi)}$, $a<\xi<b$, 因 $F'(\xi)=-\dfrac{1}{\xi^2}$, 故 $\dfrac{f(b)-f(a)}{\dfrac{1}{b}-\dfrac{1}{a}}=\dfrac{f'(\xi)}{-\dfrac{1}{\xi^2}}$, 即在 (a,b) 内存在 ξ, 使 $ab[f(b)-f(a)]=\xi^2 f'(\xi)(b-a)$.

方法二(拉格朗日中值定理)　令 $F(x)=f\left(\dfrac{1}{x}\right)$, 则 $F'(x)=f'\left(\dfrac{1}{x}\right)\cdot\left(\dfrac{1}{x}\right)'=-\dfrac{1}{x^2}f'\left(\dfrac{1}{x}\right)$. 因为 $f(x)$ 在 $[a,b]$ 上连续, 在 (a,b) 内可导, 且 $0<a<b$, 所以 $F(x)$ 在 $\left[\dfrac{1}{b},\dfrac{1}{a}\right]$ 上连续, 在 $\left(\dfrac{1}{b},\dfrac{1}{a}\right)$ 内可导. 对函数 $F(x)$ 应用拉格朗日中值定理, 存在 $\xi\in(a,b)$, 即 $\dfrac{1}{\xi}\in\left(\dfrac{1}{b},\dfrac{1}{a}\right)$, 使得 $F'\left(\dfrac{1}{\xi}\right)=\dfrac{F\left(\dfrac{1}{a}\right)-F\left(\dfrac{1}{b}\right)}{\dfrac{1}{a}-\dfrac{1}{b}}$, 即 $-\xi^2 f'(\xi)=\dfrac{ab[f(a)-f(b)]}{b-a}$, 所以有 $ab[f(b)-f(a)]=\xi^2 f'(\xi)(b-a)$.

习题 3-2

一、1. 解　原式 $=\lim\limits_{x\to 0}\dfrac{\mathrm{e}^x-\mathrm{e}^{-x}}{x}=\lim\limits_{x\to 0}\dfrac{\mathrm{e}^x+\mathrm{e}^{-x}}{1}=2$.

2. 解　极限类型是 $\dfrac{0}{0}$, 应用洛必达法则, 得

$$\text{原式}=\lim\limits_{x\to 0}\dfrac{2\cos 2x-2}{3x^2}=\lim\limits_{x\to 0}\dfrac{-4\sin 2x}{6x}=\lim\limits_{x\to 0}\dfrac{-4\sin 2x}{3(2x)}=-\dfrac{4}{3}.$$

3. 解　极限类型是 $\dfrac{0}{0}$, 应用洛必达法则, 得

$$\text{原式}=\lim\limits_{x\to 0}\dfrac{2\mathrm{e}^{2x}+2\mathrm{e}^{-2x}-4}{1-\cos x}=\lim\limits_{x\to 0}\dfrac{4\mathrm{e}^{2x}-4\mathrm{e}^{-2x}}{\sin x}=\lim\limits_{x\to 0}\dfrac{8\mathrm{e}^{2x}+8\mathrm{e}^{-2x}}{\cos x}=16.$$

4. 解 极限类型是 $\dfrac{\infty}{\infty}$，应用洛必达法则，得

$$\text{原式} = \lim_{x\to 0^+} \dfrac{\dfrac{1}{\tan x}\cdot\sec^2 x}{\dfrac{2}{\tan 2x}\cdot\sec^2 2x} = \lim_{x\to 0^+}\cos 2x = 1.$$

5. 解 极限类型是 $\infty-\infty$，先通分转化成 $\dfrac{0}{0}$ 型极限再应用洛必达法则，得

$$\text{原式} = \lim_{x\to 0}\dfrac{e^x-1-x}{x(e^x-1)} = \lim_{x\to 0}\dfrac{e^x-1-x}{x^2} = \lim_{x\to 0}\dfrac{e^x-1}{2x} = \lim_{x\to 0}\dfrac{x}{2x} = \dfrac{1}{2}.$$

6. 解 极限类型是 $0\cdot\infty$，先化简转化成 $\dfrac{0}{0}$ 型极限再应用洛必达法则，原式 $=$

$\lim\limits_{x\to 1}\dfrac{1-x}{\cos\frac{\pi}{2}x}\cdot\sin\dfrac{\pi}{2}x$，其中极限 $\lim\limits_{x\to 1}\sin\dfrac{\pi}{2}x=1$，而极限 $\lim\limits_{x\to 1}\dfrac{1-x}{\cos\frac{\pi}{2}x}$ 类型是 $\dfrac{0}{0}$，对其应用洛必

达法则，有 $\lim\limits_{x\to 1}\dfrac{1-x}{\cos\frac{\pi}{2}x} = \lim\limits_{x\to 1}\dfrac{-1}{-\frac{\pi}{2}\sin\frac{\pi x}{2}} = \dfrac{2}{\pi}$，因此原式 $=\dfrac{2}{\pi}$.

7. 解 极限类型是 1^∞，借助 e 转化成 $\dfrac{0}{0}$ 型极限再应用洛必达法则，原式 $=\lim\limits_{x\to 0}e^{\frac{1}{x}\cdot\ln\frac{\sin x}{x}}$，

其中极限 $\lim\limits_{x\to 0}\dfrac{\ln\frac{\sin x}{x}}{x}$ 类型是 $\dfrac{0}{0}$. 应用洛必达法则，有

$$\lim_{x\to 0}\dfrac{\ln\frac{\sin x}{x}}{x} = \lim_{x\to 0}\dfrac{\dfrac{x}{\sin x}\cdot\dfrac{x\cos x-\sin x}{x^2}}{1} = \lim_{x\to 0}\dfrac{x\cos x-\sin x}{x^2} = \lim_{x\to 0}\dfrac{-x\sin x+\cos x-\cos x}{2x} = 0,$$

因此原式 $=e^0=1$.

8. 解 极限类型是 ∞^0，借助 e 转化成 $\dfrac{\infty}{\infty}$ 型极限再应用洛必达法则，原式 $=\lim\limits_{x\to 0^+}e^{\frac{1}{\ln x}\ln\cot x}$，

其中极限 $\lim\limits_{x\to 0^+}\dfrac{\ln\cot x}{\ln x}$ 类型是 $\dfrac{\infty}{\infty}$. 应用洛必达法则，有

$$\lim_{x\to 0^+}\dfrac{\ln\cot x}{\ln x} = \lim_{x\to 0^+}\dfrac{\dfrac{1}{\cot x}(-\csc^2 x)}{\dfrac{1}{x}} = \lim_{x\to 0^+}-\dfrac{x}{\cos x\sin x} = -1,$$

因此原式 $=e^{-1}$.

二、1. B.

解 极限类型是 0^0，借助 e 先转化为 $0\cdot\infty$ 型，再转化为求 $\dfrac{\infty}{\infty}$ 型极限，应用洛必达法则，

原式 $=\lim\limits_{x\to 0^+}e^{\sin x\cdot\ln\tan x}$，其中极限 $\lim\limits_{x\to 0^+}\sin x\cdot\ln\tan x$ 是 $0\cdot\infty$ 型，转化为 $\dfrac{\infty}{\infty}$ 型得

$$\lim_{x\to 0^+}\sin x \cdot \ln\tan x = \lim_{x\to 0^+}\frac{\ln\tan x}{\csc x} = \lim_{x\to 0^+}\frac{\frac{1}{\tan x}\sec^2 x}{-\csc x\cot x} = \lim_{x\to 0^+}\frac{-\sin x}{\cos^2 x} = 0,$$

因此原式 $= e^0 = 1$. 故选 B.

2. C.

解　极限类型是 1^∞,借助 e 先转化为 $0 \cdot \infty$ 型,再转化为求 $\frac{0}{0}$ 型极限,应用洛必达法

则,原式 $= \lim_{x\to +\infty} e^{x\ln\frac{2}{\pi}\arctan x}$,其中极限 $\lim_{x\to +\infty} x \cdot \ln\frac{2}{\pi}\arctan x$ 是 $0 \cdot \infty$ 型,转化为 $\frac{0}{0}$ 型得

$$\lim_{x\to +\infty}\frac{\ln\frac{2}{\pi}\arctan x}{\frac{1}{x}} = \lim_{x\to +\infty}\frac{\frac{1}{\frac{2}{\pi}\arctan x}\frac{2}{\pi}\frac{1}{1+x^2}}{-\frac{1}{x^2}} = -\frac{2}{\pi},$$

因此原式 $= e^{-\frac{2}{\pi}}$. 故选 C.

3. B.

解　极限类型是 $\frac{0}{0}$,先用等价无穷小代换 $\sin 2x \sim 2x$,化简后再应用洛必达法则.

原式 $= \lim_{x\to 0}\frac{1-x^2-e^{-x^2}}{(2x)^4} = \lim_{x\to 0}\frac{-2x+2xe^{-x^2}}{64x^3} = \lim_{x\to 0}\frac{e^{-x^2}-1}{32x^2} = \lim_{x\to 0}\frac{-x^2}{32x^2} = -\frac{1}{32}$. 故

选 B.

三、**解**　虽然极限的类型是 $\frac{\infty}{\infty}$,但是应用洛必达法则后 $\lim_{x\to\infty}\frac{(x+\sin x)'}{(x)'} = \lim_{x\to\infty}\frac{1+\cos x}{1}$

极限不存在,故不能使用洛必达法则求此极限,但可以用以下方法求极限:

$$\lim_{x\to\infty}\frac{x+\sin x}{x} = \lim_{x\to\infty}\left(\frac{x}{x}+\frac{\sin x}{x}\right) = \lim_{x\to\infty}\frac{x}{x}+\lim_{x\to\infty}\frac{\sin x}{x} = 1.$$

四、**解**　按导数定义有

$$g'(0) = \lim_{x\to 0}\frac{g(x)-g(0)}{x-0} = \lim_{x\to 0}\frac{\frac{f(x)}{x}-0}{x-0} = \lim_{x\to 0}\frac{f(x)}{x^2}$$

$$= \lim_{x\to 0}\frac{f'(x)}{2x} = \lim_{x\to 0}\frac{f'(x)-f'(0)}{2(x-0)} = \frac{1}{2}f''(0).$$

习题 3-3

一、**解**　令 $f(x) = x^4+6x^3+2x^2-8x+7$. 因此有 $f'(x) = 4x^3+18x^2+4x-8, f''(x) = 12x^2+36x+4, f^{(3)}(x) = 24x+36, f^{(4)}(x) = 24$. 故 $f(1) = 8, f'(1) = 18, f''(1) = 52, f^{(3)}(1) = 60, f^{(4)}(1) = 24$.

将 $x_0 = 1$ 代入泰勒公式,得

$$f(x) = 8 + \frac{18}{1!}(x-1) + \frac{52}{2!}(x-1)^2 + \frac{60}{3!}(x-1)^3 + \frac{24}{4!}(x-1)^4$$

$$= 8 + 18(x-1) + 26(x-1)^2 + 10(x-1)^3 + (x-1)^4.$$

二、解 首先求函数 $f(x) = \cos x$ 的前 5 阶导数,得

$$f'(x) = -\sin x, f''(x) = -\cos x, f^{(3)}(x) = \sin x, f^{(4)}(x) = \cos x, f^{(5)}(x) = -\sin x.$$

再将 $x_0 = \dfrac{\pi}{4}$ 代入泰勒公式,得

$$\cos x = \frac{\sqrt{2}}{2} + \frac{-\dfrac{\sqrt{2}}{2}}{1!}\left(x - \frac{\pi}{4}\right) + \frac{-\dfrac{\sqrt{2}}{2}}{2!}\left(x - \frac{\pi}{4}\right)^2 + \frac{\dfrac{\sqrt{2}}{2}}{3!}\left(x - \frac{\pi}{4}\right)^3 +$$

$$\frac{\dfrac{\sqrt{2}}{2}}{4!}\left(x - \frac{\pi}{4}\right)^4 + \frac{-\sin(\xi)}{5!}\left(x - \frac{\pi}{4}\right)^5, \quad \xi \text{ 介于 } x \text{ 与 } \frac{\pi}{4} \text{ 之间.}$$

三、解 首先求函数 $f(x) = \dfrac{1}{x}$ 的前 $n+1$ 阶导数,得

$$f'(x) = -\frac{1}{x^2}, f''(x) = \frac{2}{x^3}, f^{(3)}(x) = -\frac{6}{x^4}, \cdots, f^{(n)}(x)$$

$$= (-1)^n \frac{n!}{x^{n+1}}, f^{(n+1)}(x) = (-1)^{n+1} \frac{(n+1)!}{x^{n+2}}.$$

再将 $x_0 = 2$ 代入泰勒公式,得

$$\frac{1}{x} = \frac{1}{2} + \frac{-\dfrac{1}{2^2}}{1!}(x-2) + \frac{\dfrac{1}{2^3}2!}{2!}(x-2)^2 + \cdots + \frac{(-1)^n \dfrac{1}{2^{n+1}}n!}{n!}(x-2)^n +$$

$$\frac{(-1)^{n+1}\dfrac{1}{\xi^{n+2}}(n+1)!}{(n+1)!}(x-2)^{n+1}$$

$$= \frac{1}{2}\left[1 + \frac{2-x}{2} + \left(\frac{2-x}{2}\right)^2 + \cdots + \left(\frac{2-x}{2}\right)^n\right] + \frac{1}{\xi^{n+2}}(2-x)^{n+1}$$

$$= \frac{2^{n+1} - (2-x)^{n+1}}{2^{n+1}x} + \frac{1}{\xi^{n+2}}(2-x)^{n+1}, \quad \xi \text{ 介于 } x \text{ 与 } 2 \text{ 之间.}$$

四、解 首先求函数 $f(x) = \ln(1+x)$ 的前 $n+1$ 阶导数,得

$$f'(x) = \frac{1}{1+x}, f''(x) = -\frac{1}{(1+x)^2}, f^{(3)}(x) = \frac{2!}{(1+x)^3}, \cdots$$

$$f^{(n)}(x) = (-1)^{n-1}\frac{(n-1)!}{(1+x)^n}, f^{(n+1)}(x) = (-1)^n \frac{n!}{(1+x)^{n+1}}.$$

代入麦克劳林公式,得

$$f(x) = \ln(1+x) = 0 + \frac{1}{1!}x + \frac{-1}{2!}x^2 + \cdots + \frac{(-1)^{n-1}(n-1)!}{n!}x^n + \frac{(-1)^n n!}{(n+1)!}\frac{1}{(1+\xi)^{n+1}}x^{n+1}$$

$$= x - \frac{x^2}{2} + \frac{x^3}{3} - \frac{x^4}{4} + \cdots + \frac{(-1)^{n-1}}{n}x^n + \frac{(-1)^n}{(n+1)(1+\xi)^{n+1}}x^{n+1}, \quad \xi \text{ 介于 } x \text{ 与 } 0 \text{ 之间.}$$

习题 3-4

一、1. $(-\infty, 1], [2, +\infty)$; $[1, 2]$.

解　函数 $f(x)$ 的定义域为实数集 $(-\infty,+\infty)$,其导函数为 $f'(x)=6(x-2)(x-1)$. 令 $f'(x)=0$,得到 $x_1=1,x_2=2,1$ 和 2 将实数轴分成三个区间,每个区间上导函数的符号以及函数的单调性见下表:

x	$(-\infty,1)$	$(1,2)$	$(2,+\infty)$
$f'(x)$	+	−	+
$f(x)$	单调增	单调减	单调增

因此单调增区间是 $(-\infty,1]$,$[2,+\infty)$,单调减区间是 $[1,2]$.

2. $(-\infty,0]\bigcup[2,+\infty),[0,2]$.

解　函数 $f(x)$ 的定义域为 $(-\infty,+\infty)$,并且 $f'(x)=2x\mathrm{e}^{-x}-x^2\mathrm{e}^{-x}=(2-x)x\mathrm{e}^{-x}$. 令 $f'(x)=0$,得到 $x_1=0,x_2=2,0$ 和 2 将实数轴分成三个区间,每个区间上导函数的符号以及函数的单调性见下表:

x	$(-\infty,0)$	$(0,2)$	$(2,+\infty)$
$f'(x)$	−	+	−
$f(x)$	单调减	单调增	单调减

因此单调减区间是 $(-\infty,0]\bigcup[2,+\infty)$,单调增区间是 $[0,2]$.

3. $(-\infty,0)\bigcup[1,+\infty),(0,1]$.

解　函数 $f(x)$ 的定义域为 $(-\infty,0)\bigcup(0,+\infty)$,并且其导函数为 $f'(x)=\dfrac{-2x^2-2x(1-2x)}{x^4}=\dfrac{2(x-1)}{x^3}$. 令 $f'(x)=0$,得到 $x=1,0$ 和 1 将实数轴分成三个区间,每个区间上导函数的符号以及函数的单调性见下表:

x	$(-\infty,0)$	$(0,1)$	$(1,+\infty)$
$f'(x)$	+	−	+
$f(x)$	单调增	单调减	单调增

因此单调增区间是 $(-\infty,0)\bigcup[1,+\infty)$,单调减区间是 $(0,1]$.

4. $(-\infty,0],[0,+\infty),(0,0)$.

解　函数 y 的定义域为 $(-\infty,+\infty)$,并且 $y'=\dfrac{1}{1+x^2}-1,y''=\dfrac{-2x}{(1+x^2)^2}$. 令 $y''=0$,得到 $x=0,0$ 将实数轴分成两个区间,每个区间上二阶导函数的符号、函数的凹凸性以及拐点情况见下表:

x	$(-\infty,0)$	0	$(0,+\infty)$
y''	+	0	−
y	凹	0	凸

因此凹区间是 $(-\infty,0]$,凸区间是 $[0,+\infty)$,拐点是 $(0,0)$.

5. $\left(-\infty,\dfrac{1}{2}\right],\left[\dfrac{1}{2},+\infty\right),\left(\dfrac{1}{2},\dfrac{13}{2}\right)$.

解　函数 y 的定义域为 $(-\infty,+\infty)$,并且 $y'=6x^2-6x-36,y''=6(2x-1)$. 令 $y''=$

0,得到 $x=\dfrac{1}{2}$,$\dfrac{1}{2}$ 将实数轴分成两个区间,每个区间上二阶导函数的符号、函数的凹凸性以及拐点情况见下表:

x	$\left(-\infty,\dfrac{1}{2}\right)$	$\dfrac{1}{2}$	$\left(\dfrac{1}{2},+\infty\right)$
y''	$-$	0	$+$
y	凸	$\dfrac{13}{2}$	凹

因此凸区间是 $\left(-\infty,\dfrac{1}{2}\right]$,凹区间是 $\left[\dfrac{1}{2},+\infty\right)$,拐点是 $\left(\dfrac{1}{2},\dfrac{13}{2}\right)$.

6. $\left(0,a\mathrm{e}^{\frac{3}{2}}\right]$,$\left[a\mathrm{e}^{\frac{3}{2}},+\infty\right)$,$\left(a\mathrm{e}^{\frac{3}{2}},\dfrac{3}{2}\mathrm{e}^{-\frac{3}{2}}\right)$.

解　函数 y 的定义域为 $(0,+\infty)$,并且 $y'=-\dfrac{a}{x^2}\ln\dfrac{x}{a}+\dfrac{a}{x^2}=\dfrac{a}{x^2}\left(1-\ln\dfrac{x}{a}\right)$,$y''=$

$\dfrac{-2a}{x^3}\left(1-\ln\dfrac{x}{a}\right)-\dfrac{a}{x^3}=\dfrac{2a\ln\dfrac{x}{a}-3a}{x^3}$. 令 $y''=0$,得到 $x=a\mathrm{e}^{\frac{3}{2}}$,$a\mathrm{e}^{\frac{3}{2}}$ 将区间 $(0,+\infty)$ 分成两个区间,每个区间上二阶导函数的符号、函数的凹凸性以及拐点情况见下表:

x	$\left(0,a\mathrm{e}^{\frac{3}{2}}\right)$	$a\mathrm{e}^{\frac{3}{2}}$	$\left(a\mathrm{e}^{\frac{3}{2}},+\infty\right)$
y''	$-$	0	$+$
y	凸	$\dfrac{3}{2}\mathrm{e}^{-\frac{3}{2}}$	凹

因此凸区间是 $\left(0,a\mathrm{e}^{\frac{3}{2}}\right]$,凹区间是 $\left[a\mathrm{e}^{\frac{3}{2}},+\infty\right)$,拐点是 $\left(a\mathrm{e}^{\frac{3}{2}},\dfrac{3}{2}\mathrm{e}^{-\frac{3}{2}}\right)$.

二、1. B,C.

解　函数 $f(x)$ 的定义域为 $(-\infty,+\infty)$,并且 $f'(x)=x^{\frac{2}{3}}+\dfrac{2}{3}x^{-\frac{1}{3}}(x-2)=$

$\dfrac{\dfrac{5}{3}x-\dfrac{4}{3}}{x^{\frac{1}{3}}}$,$0$ 为不可导点. 令 $f'(x)=0$,得到 $x=\dfrac{4}{5}$. 0 和 $\dfrac{4}{5}$ 将区间 $(-\infty,+\infty)$ 分成三个区间,每个区间上导函数的符号以及函数的单调性情况见下表:

x	$(-\infty,0)$	$\left(0,\dfrac{4}{5}\right)$	$\left(\dfrac{4}{5},\infty\right)$
$f'(x)$	$+$	$-$	$+$
$f(x)$	单调增	单调减	单调增

故单调增区间是 $(-\infty,0]\cup\left[\dfrac{4}{5},+\infty\right)$,选 B;单调减区间是 $\left[0,\dfrac{4}{5}\right]$,选 C.

2. C,B.

解　函数 $f(x)$ 的定义域为 $(0,1)\cup(1,+\infty)$，并且 $f'(x)=\dfrac{\ln x-1}{(\ln x)^2}$. 令 $f'(x)=0$，得到 $x=e$，1 和 e 将区间 $(0,+\infty)$ 分成三个区间，每个区间上导函数的符号以及函数的单调性情况见下表：

x	$(0,1)$	$(1,e)$	$(e,+\infty)$
$f'(x)$	−	−	+
$f(x)$	单调减	单调减	单调增

故单调增区间是 $[e,+\infty)$，选 C；单调减区间是 $(0,1)\cup(1,e]$，选 B.

3. D.

解　由 $f'(x)>0$ 得到单调上升，由 $f''(x)>0$ 得到为凹的. 故选 D.

4. B.

解　首先把 $(0,1)$ 代入 $y=ax^3+bx^2+c$ 可以得到 $c=1$，因为函数 $f(x)$ 的定义域为 $(-\infty,+\infty)$，并且 $y'=3ax^2+2bx$，$y''=6ax+2b$，再把 $x=0$ 代入 $y''=6ax+2b$，此时 $y''=0$，因此得到 $b=0$，最后由于 $(0,1)$ 为拐点，$x<0$ 时与 $x>0$ 时二阶导数 $y''=6ax$ 应该异号，故 $a\neq 0$. 故选 B.

三、1. **证明**　令 $f(x)=\arctan x-x+\dfrac{x^3}{3}$，则 $f(0)=0$，求导得 $f'(x)=\dfrac{1}{1+x^2}-1+x^2=\dfrac{x^4}{1+x^2}$，因此当 $x>0$ 时有 $f'(x)>0$，所以 $f(x)$ 在区间 $(0,+\infty)$ 上单调增加，即当 $x>0$ 时，$f(x)>f(0)=0$，因此当 $x>0$ 时，有 $\arctan x>x-\dfrac{x^3}{3}$ 成立.

2. **证明**　令 $f(x)=\dfrac{1}{2}(1-x^2)+\dfrac{1}{4}(1-x^4)-\dfrac{2}{3}(1-x^3)$，则 $f(1)=0$，求导得 $f'(x)=-x-x^3+2x^2=-x(1-x)^2$，因此当 $0<x<1$ 时有 $f'(x)<0$，所以 $f(x)$ 在区间 $(0,1)$ 内单调减少. 即当 $0<x<1$ 时，$f(x)>f(1)=0$，因此当 $0<x<1$ 时，有 $\dfrac{1}{2}(1-x^2)+\dfrac{1}{4}(1-x^4)>\dfrac{2}{3}(1-x^3)$ 成立.

3. **证明**　令 $f(x)=e^x-1-x$，则 $f(0)=0$，求导得 $f'(x)=e^x-1$. 令 $f'(x)=0$ 得到 $x=0$. 当 $-\infty<x<0$ 时，$f'(x)<0$，$f(x)$ 单调减少，当 $0<x<+\infty$ 时，$f'(x)>0$，$f(x)$ 单调增加，所以 $x=0$ 为 $f(x)$ 在定义域 $(-\infty,+\infty)$ 上的最小值点. 因此 $x\neq 0$ 时，$f(x)>f(0)$，即当 $x\neq 0$ 时，有 $e^x>1+x$ 成立.

四、**证明**　令 $f(x)=2x^7+2x-1$，因此有 $f(0)=-1$，$f(1)=3$，$f(0)\cdot f(1)<0$，注意 $f(x)$ 是定义域为 $(-\infty,+\infty)$ 的初等函数，故 $f(x)$ 在 $[0,1]$ 上连续，根据闭区间上连续函数的零点定理，在 $(0,1)$ 内至少有一点 ξ，使得 $f(\xi)=0$，即方程 $2x^7+2x-1=0$ 在 $(0,1)$ 内至少有一个实根. 又因在 $(0,1)$ 内 $f'(x)=14x^6+2>0$，所以 $f(x)$ 在 $[0,1]$ 上单调增加. 因此方程 $2x^7+2x-1=0$ 在 $(0,1)$ 内有且只有一个实根.

习题 3-5

一、1. 0.

解 可导函数取得极值的必要条件必有 $f'(x_0)=0$.

2. $<0,>0$.

解 由判断极值的第二充分条件知当 $f''(x_0)<0$ 时,$f(x_0)$ 为极大值. 当 $f''(x_0)>0$ 时,$f(x_0)$ 为极小值.

3. $\pm 1,\mathrm{e}^{-1},0,0$.

解 $f(x)$ 的定义域为 $(-\infty,+\infty)$,且 $f'(x)=2x\mathrm{e}^{-x^2}-2x^3\mathrm{e}^{-x^2}=2x(1+x)(1-x)\mathrm{e}^{-x^2}$. 令 $f'(x)=0$,得到 $x_1=0,x_2=-1,x_3=1.0,-1$ 和 1 将实数轴分成四个区间,每个区间上导函数的符号以及函数的极值情况见下表:

x	$(-\infty,-1)$	-1	$(-1,\theta)$	0	$(0,1)$	1	$(1,+\infty)$
$f'(x)$	$+$	0	$-$	0	$+$	0	$-$
$f(x)$	单调增	极大值	单调减	极小值	单调增	极大值	单调减

由表可知函数 $f(x)=x^2\mathrm{e}^{-x^2}$ 在 $x=\pm 1$ 处取得极大值 e^{-1},在 $x=0$ 处取得极小值 0.

4. $1,-8,6$.

解 函数 $f(x)$ 的定义域为 $(-\infty,+\infty)$,并且 $y'=3x^2+2ax+b$,由可导的极值点必为驻点,把 $x=-2$ 代入 y' 使得 $y'=0$,得到 $0=12-4a+b$.------①

$y=x^3+ax^2+bx+c$ 在 $(1,0)$ 处的切线斜率为 $y'(1)=3+2a+b$,切线斜率与直线 $y=-3x+3$ 的斜率相等,因此有 $3+2a+b=-3$.------②

由①②可得 $a=1,b=-8$,将 $(1,0)$ 代入 $y=x^3+x^2-8x+c$,得到 $c=6$.

5. $13,4$.

解 最值点可能为驻点,不可导点以及边界点. 由 $y'=4x^3-4x=4x(x+1)(x-1)$,令 $y'=0$,解得 $x_1=0,x_2=-1,x_3=1$. 比较 $y(0)=5,y(-1)=4,y(1)=4,y(-2)=13,y(2)=13$,知最大值是 13,最小值是 4.

6. $\dfrac{5}{4},\sqrt{6}-5$.

解 最值点可能为驻点,不可导点以及边界点. 由 $y'=1-\dfrac{1}{2\sqrt{1-x}}$,令 $y'=0$,得 $x=\dfrac{3}{4}$;又 $x=1$ 为不可导点. 比较 $y\left(\dfrac{3}{4}\right)=\dfrac{5}{4},y(1)=1,y(-5)=-5+\sqrt{6}$,知最大值是 $\dfrac{5}{4}$,最小值是 $\sqrt{6}-5$.

7. $\dfrac{\pi}{4},0$.

解 最值点可能为驻点,不可导点以及边界点. 由

$$y'=\frac{1}{1+\left(\dfrac{1-x}{1+x}\right)^2}\cdot\frac{-(1+x)-(1-x)}{(1+x)^2}=\frac{-2}{(1+x)^2+(1-x)^2}<0,$$

故 y 在区间 $[0,1]$ 上单调递减,因此在 $[0,1]$ 上的最小值是 $y(1)=0$,最大值是 $y(0)=\dfrac{\pi}{4}$.

二、1. D.

解 极值点有可能是导数为 0 的点和导数不存在的点. 故选 D.

2. C.

解 函数 y 的定义域为 $(0,+\infty)$,并且 $y'=x(2\ln x+1)$. 令 $y'=0$,得到 $x_1=0,x_2=\mathrm{e}^{-\frac{1}{2}}$,$\mathrm{e}^{-\frac{1}{2}}$ 将区间 $(0,+\infty)$ 分成两个区间,每个区间上导函数的符号及函数的极值情况见下表:

x	$(0,\mathrm{e}^{-\frac{1}{2}})$	$\mathrm{e}^{-\frac{1}{2}}$	$(\mathrm{e}^{-\frac{1}{2}},+\infty)$
y'	$-$	0	$+$
y	单调减	极小值 $-\dfrac{1}{2\mathrm{e}}$	单调增

故选 C.

3. D.

解 函数 $f(x)$ 的定义域为 $(-\infty,+\infty)$,并且

$$f'(x)=\frac{1}{3}x^{-\frac{2}{3}}(1-x)^{\frac{2}{3}}-\frac{2}{3}x^{\frac{1}{3}}(1-x)^{-\frac{1}{3}}=\frac{1-3x}{3x^{\frac{2}{3}}(1-x)^{\frac{1}{3}}}.$$

令 $f'(x)=0$ 得到 $x_1=\dfrac{1}{3}$,又不可导点有 $x_2=0,x_3=1.0,\dfrac{1}{3}$ 和 1 将区间 $(-\infty,+\infty)$ 分成四个区间,每个区间上导函数的符号以及函数的极值情况见下表:

x	$(-\infty,0)$	0	$\left(0,\dfrac{1}{3}\right)$	$\dfrac{1}{3}$	$\left(\dfrac{1}{3},1\right)$	1	$(1,+\infty)$
$f'(x)$	$+$	无定义	$+$	0	$-$	无定义	$+$
$f(x)$	单调增	非极值	单调增	极大值 $\dfrac{4^{\frac{1}{3}}}{3}$	单调减	极小值 0	单调增

故选 D.

三、1. **解** 函数 y 的定义域为 $(-\infty,+\infty)$,并且 $y'=-x^2(x-3)$. 令 $y'=0$ 得到 $x_1=0,x_2=3,0$ 和 3 将区间 $(-\infty,+\infty)$ 分成三个区间,每个区间上导函数符号及函数极值情况见下表:

x	$(-\infty,0)$	0	$(0,3)$	3	$(3,+\infty)$
y'	$+$	0	$+$	0	$-$
y	单调增	非极值	单调增	极大值 6	单调减

故存在极大值 $y(3)=6$.

2. **解** 函数 y 的定义域为 $(-1,+\infty)$,并且 $y'=\dfrac{x}{1+x}$. 令 $y'=0$ 得到 $x=0.0$ 将区间 $(-1,+\infty)$ 分成两个区间,每个区间上导函数的符号以及函数的极值情况见下表:

x	$(-1,0)$	0	$(0,+\infty)$
y'	$-$	0	$+$
y	单调减	极小值 0	单调增

故存在极小值 $y(0)=0$.

3. 解 函数 y 的定义域为 $[0,2]$,并且 $y'=\dfrac{1-x}{\sqrt{2x-x^2}}$. 令 $y'=0$ 得到 $x_1=1$,又不可导点有 $x_2=0,x_3=2.1$ 将区间 $[0,2]$ 分成两个区间,每个区间上导函数的符号以及函数的极值情况见下表:

x	$(0,1)$	1	$(1,2)$
y'	$+$	0	$-$
y	单调增	极大值 1	单调减

故存在极大值 $y(1)=1$.

4. 解 函数 y 的定义域为 $(-\infty,+\infty)$,并且 $y'=\dfrac{2\mathrm{e}^{2x}-1}{\mathrm{e}^x}$. 令 $y'=0$ 得到 $x=-\dfrac{1}{2}\ln2$,$-\dfrac{1}{2}\ln2$ 将区间 $(-\infty,+\infty)$ 分成两个区间,每个区间上导函数的符号以及函数的极值情况见下表:

x	$\left(-\infty,-\dfrac{1}{2}\ln2\right)$	$-\dfrac{1}{2}\ln2$	$\left(-\dfrac{1}{2}\ln2,+\infty\right)$
y'	$-$	0	$+$
y	单调减	极小值 $2\sqrt{2}$	单调增

故存在极小值 $y\left(-\dfrac{1}{2}\ln2\right)=2\sqrt{2}$.

四、解 如果设直圆柱的底半径为 r,则直圆柱的高为 $h=2\sqrt{R^2-r^2}$,那么体积为 $V(r)=\pi r^2\cdot 2\sqrt{R^2-r^2}$,并且

$$V'(r)=4\pi r\sqrt{R^2-r^2}+\frac{\pi r^2}{\sqrt{R^2-r^2}}\cdot(-2r)=\frac{4\pi rR^2-6\pi r^3}{\sqrt{R^2-r^2}}=\frac{2\pi r(2R^2-3r^2)}{\sqrt{R^2-r^2}}.$$

令 $V'(r)=0$,得到 $r=\sqrt{\dfrac{2}{3}}R$. 由于最大直圆柱体积一定存在,并且 $V'(r)=0$ 在 $(0,R)$ 内只有一个根 $r=\sqrt{\dfrac{2}{3}}R$,所以当 $r=\sqrt{\dfrac{2}{3}}R$ 时,$V(r)$ 的值最大,此时 $h=\dfrac{2}{\sqrt{3}}R$.

五、解 由题意知猪舍的长 $\overline{AB}=\dfrac{P-5x}{2}$,因此猪舍面积为 $S(x)=\dfrac{P-5x}{2}\cdot x$,并且 $S'(x)=\dfrac{P}{2}-5x$. 令 $S'(x)=0$ 得驻点 $x=\dfrac{P}{10}$,由 $S''\left(\dfrac{P}{10}\right)=-5<0$ 知 $x=\dfrac{P}{10}$ 为极大值点,又驻点唯一,故极大值点就是最大值点,所以当 $x=\dfrac{P}{10}$ 时,猪舍面积最大.

六、解 方法一 设椭圆的内接矩形与椭圆在第一象限的交点的坐标为 (x,y),其中 $0<x<a,0<y<b$. 因此矩形的面积为 $S=4xy$.

因点 (x,y) 在椭圆上,故满足椭圆方程,即 $\dfrac{x^2}{a^2}+\dfrac{y^2}{b^2}=1$, $y=\dfrac{b}{a}\sqrt{a^2-x^2}$. 矩形的面积为 $S=\dfrac{4b}{a}x\sqrt{a^2-x^2}$. 两边平方得 $S^2=\dfrac{16b^2}{a^2}x^2(a^2-x^2)$. 问题转化为当 x 取何值时, S^2 最大? 即求函数 $f(x)=x^2(a^2-x^2)$ 在区间 $(0,a)$ 内的最大值. 求导得 $f'(x)=2x(a^2-2x^2)$, 令 $f'(x)=0$ 得 $(0,a)$ 内唯一的驻点 $x=\dfrac{a}{\sqrt{2}}$.

由于矩形面积的最大值一定存在,所以当 $x=\dfrac{a}{\sqrt{2}}$ 时 S 的最大值为 $2ab$.

方法二 椭圆的参数方程为 $\begin{cases} x=a\cos\theta, \\ y=b\sin\theta, \end{cases}$ $0\leqslant\theta\leqslant 2\pi$. 矩形面积 $S(\theta)=4xy=4ab\cos\theta\sin\theta=2ab\sin 2\theta$, $0<\theta<\dfrac{\pi}{2}$, 并且 $S'(\theta)=4ab\cos 2\theta$. 令 $S'(\theta)=0$, 得到 $\theta=\dfrac{\pi}{4}$. 由于矩形面积的最大值一定存在, $S'(\theta)=0$ 在 $0<\theta<\dfrac{\pi}{2}$ 时只有一个根 $\theta=\dfrac{\pi}{4}$, 所以当 $\theta=\dfrac{\pi}{4}$ 时, $S(\theta)$ 取得最大值 $2ab$.

习题 3-6

一、1. $[-1,1]$, $(-\infty,-1]\cup[1,+\infty)$, 2, -2, $(-\infty,0]$, $[0,+\infty)$, $(0,0)$.

解 函数 y 的定义域为 $(-\infty,+\infty)$, 并且 $y'=3-3x^2$. 令 $y'=0$ 得到 $x_1=1$, $x_2=-1$. -1 和 1 将实数轴 $(-\infty,+\infty)$ 分成三个区间, 每个区间上导函数的符号、函数的单调性以及极值情况见下表:

x	$(-\infty,-1)$	-1	$(-1,1)$	1	$(1,+\infty)$
y'	$-$	0	$+$	0	$-$
y	单调减	极小值 -2	单调增	极大值 2	单调减

单调增区间是 $[-1,1]$, 单调减区间是 $(-\infty,-1]\cup[1,+\infty)$, 极大值是 2, 极小值是 -2.

又 $y''=-6x$, 令 $y''=0$ 得到 $x=0$, 0 将实数轴 $(-\infty,+\infty)$ 分成两个区间, 每个区间上二阶导函数的符号、函数的凹凸性以及拐点情况见下表:

x	$(-\infty,0)$	0	$(0,+\infty)$
y''	$+$	0	$-$
y	凹	拐点 $(0,0)$	凸

凹区间是 $(-\infty,0]$, 凸区间是 $[0,+\infty)$, 拐点是 $(0,0)$.

2. $[0,1)$, $(-\infty,0]\cup(1,+\infty)$, 0, $\left(-\infty,-\dfrac{1}{2}\right)$, $\left[-\dfrac{1}{2},1\right)\cup(1,+\infty)$, $\left(-\dfrac{1}{2},\dfrac{2}{9}\right)$, $y=2$, $x=1$.

解 函数 y 的定义域为 $(-\infty,1)\cup(1,+\infty)$, 并且 $y'=\dfrac{4x(1-x)+4x^2}{(1-x)^3}=\dfrac{4x}{(1-x)^3}$. 令 $y'=0$ 得到 $x=0$. 0 将定义域分成三个区间, 每个区间上导函数的符号、函数的单调性以

及极值情况见下表：

x	$(-\infty,0)$	0	$(0,1)$	1	$(1,+\infty)$
y'	$-$	0	$+$	无定义	$-$
y	单调减	极小值0	单调增	无定义	单调减

单调增区间是 $[0,1)$，单调减区间是 $(-\infty,0]\bigcup(1,+\infty)$，极小值点是 0.

又 $y''=\dfrac{4(1-x)+12x}{(1-x)^4}=\dfrac{4(1+2x)}{(1-x)^4}$. 令 $y''=0$ 得到 $x=-\dfrac{1}{2}$，$-\dfrac{1}{2}$ 将定义域分成三个区间，每个区间上二阶导函数的符号、函数的凹凸性以及拐点情况见下表：

x	$\left(-\infty,-\dfrac{1}{2}\right)$	$-\dfrac{1}{2}$	$\left(-\dfrac{1}{2},1\right)$	1	$(1,+\infty)$
y''	$-$	0	$+$	无定义	$+$
y	凸	拐点$\left(-\dfrac{1}{2},\dfrac{2}{9}\right)$	凹	无定义	凹

凸区间是 $\left(-\infty,-\dfrac{1}{2}\right]$，凹区间是 $\left[-\dfrac{1}{2},1\right)\bigcup(1,+\infty)$，拐点是 $\left(-\dfrac{1}{2},\dfrac{2}{9}\right)$.

下面研究函数 $y=\dfrac{2x^2}{(1-x)^2}$ 的渐近线问题. 首先考查极限 $\lim\limits_{x\to\infty}y=\lim\limits_{x\to\infty}\dfrac{2x^2}{(1-x)^2}=$

$\lim\limits_{x\to\infty}\dfrac{2}{\left(\dfrac{1}{x}-1\right)^2}=2$，因此函数 $y=\dfrac{2x^2}{(1-x)^2}$ 具有水平渐近线 $y=2$. 再考查极限 $\lim\limits_{x\to1}y=$

$\lim\limits_{x\to1}\dfrac{2x^2}{(1-x)^2}=+\infty$，因此函数 $y=\dfrac{2x^2}{(1-x)^2}$ 具有铅直渐近线 $x=1$.

二、略.

习题 3-7

一、1. **解** 依据弧微分公式 $\mathrm{d}s=\sqrt{1+y'^2}\,\mathrm{d}x$，将 $y'=\dfrac{-2x}{1-x^2}$ 代入弧微分公式得

$$\mathrm{d}s=\sqrt{1+\dfrac{4x^2}{(1-x^2)^2}}\,\mathrm{d}x=\dfrac{1+x^2}{1-x^2}\mathrm{d}x.$$

2. **解** 依据曲率公式 $K=\dfrac{|y''|}{(1+y'^2)^{\frac{3}{2}}}$，将 $y'=\dfrac{1}{x}$ 与 $y''=-\dfrac{1}{x^2}$ 代入曲率公式得

$$K=\dfrac{|y''|}{(1+y'^2)^{\frac{3}{2}}}=\dfrac{\dfrac{1}{x^2}}{\left(1+\dfrac{1}{x^2}\right)^{\frac{3}{2}}}=\dfrac{x}{(1+x^2)^{\frac{3}{2}}}.$$

3. **解** 依据曲率公式 $K=\dfrac{|y''|}{(1+y'^2)^{\frac{3}{2}}}$，将 $y'=2x-2$ 与 $y''=2$ 代入曲率公式得

$$K=\dfrac{|y''|}{(1+y'^2)^{\frac{3}{2}}}=\dfrac{2}{[1+(2x-2)^2]^{\frac{3}{2}}}.$$

因此曲率半径 $\rho(x)=\dfrac{1}{K}=\dfrac{[1+(2x-2)^2]^{\frac{3}{2}}}{2}$，问题转化为当 x 取何值时，$\rho(x)$ 最小?

求导有 $\rho'(x)=6(x-1)\sqrt{1+(2x-2)^2}$，令 $\rho'(x)=0$ 得唯一驻点 $x=1$，故曲线 $y=x^2-2x$ 的最小曲率半径为 $\rho(1)=\dfrac{1}{2}$.

二、1. C.

解 抛物线函数整理得 $y=(x-2)^2-1$，因此其顶点坐标为 $(2,-1)$. 依据曲率公式 $K=\dfrac{|y''|}{(1+y'^2)^{\frac{3}{2}}}$，将 $y'=2x-4$ 与 $y''=2$ 代入曲率公式得 $K=\dfrac{|y''|}{(1+y'^2)^{\frac{3}{2}}}=\dfrac{2}{[1+(2x-4)^2]^{\frac{3}{2}}}$，再将 $x=2$ 代入曲率公式得 $K=2$，因此曲率半径为 $\dfrac{1}{2}$. 选 C.

2. D.

解 依据曲率公式 $K=\dfrac{|y''|}{(1+y'^2)^{\frac{3}{2}}}$，将 $y'=\dfrac{1}{\sqrt{1+x^2}}$ 与 $y''=-\dfrac{x}{(1+x^2)^{\frac{3}{2}}}$ 代入曲率公式得 $K=\dfrac{|y''|}{(1+y'^2)^{\frac{3}{2}}}=\dfrac{|x|}{(2+x^2)^{\frac{3}{2}}}$，再将 $x=\sqrt{3}$ 代入曲率公式得 $K=\dfrac{\sqrt{15}}{25}$. 选 D.

三、**解** 该曲线方程两边对 x 求导得 $2x-8y\cdot y'=0$，解出 $y'=\dfrac{x}{4y}$，再求导得二阶导数

$$y''=\dfrac{4y-4xy'}{(4y)^2}=\dfrac{y-x\dfrac{x}{4y}}{4y^2}=\dfrac{4y^2-x^2}{16y^3}=\dfrac{-12}{16y^3}=-\dfrac{3}{4y^3}.$$

依据曲率公式 $K=\dfrac{|y''|}{(1+y'^2)^{\frac{3}{2}}}$，将 $y'=\dfrac{x}{4y}$ 与 $y''=-\dfrac{3}{4y^3}$ 代入曲率公式得 $K=\dfrac{|y''|}{(1+y'^2)^{\frac{3}{2}}}=\dfrac{48}{(16y^2+x^2)^{\frac{3}{2}}}$，再将 $x=4,y=1$ 代入曲率公式得 $K=\dfrac{3\sqrt{2}}{16}$.

总习题 3

一、1. 2.

解 因为 $f'(x)=\dfrac{6-3x}{2\sqrt{3-x}}$，令 $f'(x)=0$，得到 $\xi=2$.

2. $\dfrac{1}{\ln2}$.

解 因为 $f'(\xi)=\dfrac{f(2)-f(1)}{2-1}=\ln2$，并且 $f'(\xi)=\dfrac{1}{\xi}$，所以解出 $\xi=\dfrac{1}{\ln2}$.

3. $\dfrac{3}{2}$.

解 函数 y 的定义域为 $[-1,2]$，并且 $y'=\dfrac{1-2x}{2\sqrt{2+x-x^2}}$，令 $y'=0$ 得到 $x=\dfrac{1}{2}$，不可导

的点为 $x_1 = -1, x_2 = 2.\dfrac{1}{2}$ 将定义域 $[-1,2]$ 分成两个区间,每个区间上导函数的符号、函数的单调性以及极值情况见下表:

x	$\left(-1,\dfrac{1}{2}\right)$	$\dfrac{1}{2}$	$\left(\dfrac{1}{2},2\right)$
y'	$+$	0	$-$
y	单调增	极大值 $\dfrac{3}{2}$	单调减

故极大值为 $y\left(\dfrac{1}{2}\right) = \dfrac{3}{2}$.

4. 0.

解 因为 $y' = \dfrac{2\sqrt{x}+1}{2\sqrt{x}}, y' > 0$,所以 y 单调增加,最小值为 $y(0) = 0$.

5. $(4,0)$.

解 函数 y 的定义域为 $(-\infty,\infty)$,并且 $y' = 3(x-4)^2, y'' = 6(x-4)$.令 $y'' = 0$,得到 $x = 4.4$ 将定义域 $(-\infty,\infty)$ 分成两个区间,每个区间上二阶导函数的符号、函数的凹凸性以及拐点情况见下表:

x	$(-\infty,4)$	4	$(4,+\infty)$
y''	$-$	0	$+$
y	凸	拐点 $(4,0)$	凹

6. 4.

解 依据曲率公式 $K = \dfrac{|y''|}{(1+y'^2)^{\frac{3}{2}}}$,将 $y' = 4(x-1)$ 与 $y'' = 4$ 代入曲率公式得 $K(x) = $

$\dfrac{|y''|}{(1+y'^2)^{\frac{3}{2}}} = \dfrac{4}{\left[1+16(x-1)^2\right]^{\frac{5}{2}}}$.问题转化为当 x 取何值时,$K(x)$ 最大?

求导有 $K'(x) = \dfrac{-192(x-1)}{\left[1+16(x-1)^2\right]^{\frac{3}{2}}}$,令 $K'(x) = 0$ 得唯一驻点 $x = 1$,故曲线 $y = 2(x-1)^2$ 的最大曲率是 $K(1) = 4$.

7. $f(x) = 0 + \dfrac{1}{1!}(x-1) + \dfrac{5}{2!}(x-1)^2 + \dfrac{11}{3!}(x-1)^3 + \dfrac{\frac{6}{\xi}}{4!}(x-1)^4, \xi$ 介于 1 与 x 之间.

解 首先求函数 $f(x) = x^3\ln x$ 的前 4 阶导数,得

$$f'(x) = x^2(3\ln x+1), \quad f''(x) = x(6\ln x+5), \quad f^{(3)}(x) = 6\ln x+11, \quad f^{(4)}(x) = \dfrac{6}{x}.$$

再将 $x_0 = 1$ 代入泰勒公式,得

$$f(x) = 0 + \frac{1}{1!}(x-1) + \frac{5}{2!}(x-1)^2 + \frac{11}{3!}(x-1)^3 + \frac{\frac{6}{\xi}}{4!}(x-1)^4, \quad \xi \text{ 介于 } 1 \text{ 与 } x \text{ 之间.}$$

二、1. A.

解 因为函数 $f(x)$ 在 $[a,b]$ 上的最大值和最小值相等,所以函数 $f(x)$ 在 $[a,b]$ 上为常数,对于 (a,b) 内任一点 x_0,都有 $f'(x_0)=0$. 选 A.

2. C.

解 首先把 $(1,3)$ 代入 $y = ax^3 + bx^2$ 得到

$$3 = a + b. \qquad\qquad ①$$

然后求导得 $y' = 3ax^2 + 2bx$ 以及 $y'' = 6ax + 2b$,因为当 $x=1$ 时,有 $y''=0$,于是可以得到

$$6a + 2b = 0. \qquad\qquad ②$$

综合①②两式得 $a = -\dfrac{3}{2}$,$b = \dfrac{9}{2}$,同时在 $x<1$ 和 $x>1$ 时,对应的 y'' 是异号的,所以 $(1,3)$ 是拐点. 选 C.

3. C.

解 因为 $y' = \dfrac{2x}{x^2+1}$,在区间 $(1,+\infty)$ 内 $y'>0$,所以 y 在区间 $(1,+\infty)$ 内单调上升.

又 $y'' = \dfrac{2-2x^2}{(x^2+1)^2}$,在区间 $(1,+\infty)$ 内 $y''<0$,所以 y 在区间 $(1,+\infty)$ 内上凸. 选 C.

4. B.

解 极限类型是 1^∞,借助 e 转化为求 $\dfrac{0}{0}$ 型极限,再用洛必达法则. 原式 $=$

$\lim\limits_{x\to 0} e^{\frac{1}{x}\ln\left(\frac{a^x+b^x}{2}\right)}$,其中极限 $\lim\limits_{x\to 0} \dfrac{\ln\left(\dfrac{a^x+b^x}{2}\right)}{x}$ 类型是 $\dfrac{0}{0}$,应用洛必达法则有

$$\lim_{x\to 0}\frac{\ln\left(\dfrac{a^x+b^x}{2}\right)}{x} = \lim_{x\to 0}\frac{\dfrac{\frac{1}{2}(a^x\ln a + b^x\ln b)}{\dfrac{a^x+b^x}{2}}}{1} = \frac{1}{2}\ln ab,$$

因此原式 $= e^{\frac{1}{2}\ln ab} = \sqrt{ab}$. 选 B.

5. C.

解 因极限 $\lim\limits_{x\to\infty} y = \lim\limits_{x\to\infty} \dfrac{1+e^{-x^2}}{1-e^{-x^2}} = 1$,故曲线 $y = \dfrac{1+e^{-x^2}}{1-e^{-x^2}}$ 有水平渐近线 $y=1$;

又函数 $y = \dfrac{1+e^{-x^2}}{1-e^{-x^2}}$ 在 $x=0$ 处没有定义,并且极限 $\lim\limits_{x\to 0} y = \lim\limits_{x\to 0} \dfrac{1+e^{-x^2}}{1-e^{-x^2}} = \infty$,故曲线

$y = \dfrac{1+e^{-x^2}}{1-e^{-x^2}}$ 有铅直渐近线 $x=0$. 选 C.

6. C.

解 因为 $f(x)$ 在开区间 (a,b) 内可导,x_1,x_2 是区间 (a,b) 内任意两点,且 $x_1<x_2$,所

以函数 $f(x)$ 在闭区间 $[x_1,x_2]$ 上连续,在开区间 (x_1,x_2) 内可导,满足拉格朗日中值定理的条件,因此有 $f(x_2)-f(x_1)=f'(\xi)(x_2-x_1)$,其中 $x_1<\xi<x_2$. 选 C.

三、1. 解 当 $x\to\dfrac{\pi}{4}$ 时,$\sec x\to\sqrt{2}$,$\tan x\to1$,$\cos 4x\to-1$,因此极限类型是 $\dfrac{0}{0}$,又因为

$$\sec^2 x-2\tan x=\frac{1}{\cos^2 x}-\frac{2\sin x}{\cos x}=\frac{1-2\sin x\cos x}{\cos^2 x}=\frac{(\sin x-\cos x)^2}{\cos^2 x}=(\tan x-1)^2,$$

应用洛必达法则得

$$\text{原式}=\lim_{x\to\frac{\pi}{4}}\frac{(\tan x-1)^2}{1+\cos 4x}=\lim_{x\to\frac{\pi}{4}}\frac{2(\tan x-1)\sec^2 x}{-4\sin 4x}=\lim_{x\to\frac{\pi}{4}}\frac{\tan x-1}{-\sin 4x}=\lim_{x\to\frac{\pi}{4}}\frac{\sec^2 x}{-4\cos 4x}=\frac{1}{2}.$$

2. 解 当 $x\to1$ 时,$1-x^2\to0$,$\tan\dfrac{\pi x}{2}\to\infty$,因此极限类型是 $0\cdot\infty$,先转化为 $\dfrac{0}{0}$ 型极限再应用洛必达法则,得

$$\text{原式}=\lim_{x\to1}\frac{1-x^2}{\cot\dfrac{\pi x}{2}}=\lim_{x\to1}\frac{-2x}{-\dfrac{\pi}{2}\csc^2\dfrac{\pi x}{2}}=\frac{4}{\pi}.$$

3. 解 当 $x\to\infty$ 时,$\dfrac{1}{x}\to0$,$\sin\dfrac{1}{x}\to0$,$\cos\dfrac{1}{x}\to1$,因此极限类型是 1^∞,借助 e 转化求 $\dfrac{0}{0}$ 型极限时应用洛必达法则.因此原式 $=\lim\limits_{x\to\infty}e^{x\ln\left(\sin\frac{1}{x}+\cos\frac{1}{x}\right)}$,其中

$$\lim_{x\to\infty}\frac{\ln\left(\sin\dfrac{1}{x}+\cos\dfrac{1}{x}\right)}{\dfrac{1}{x}}\xlongequal{\left(\text{令 }t=\frac{1}{x}\right)}\lim_{t\to0}\frac{\ln(\sin t+\cos t)}{t}=\lim_{t\to0}\frac{-\sin t+\cos t}{\sin t+\cos t}=1,$$

故原式 $=$ e.

四、1. 证明 令 $f(x)=x-\dfrac{x^2}{2}-\ln(1+x)$,则 $f(0)=0$,因 $f'(x)=-\dfrac{x^2}{1+x}$,当 $x>0$ 时,$f'(x)<0$,故 $f(x)$ 在区间 $(0,+\infty)$ 内单调减少,所以 $x>0$,$f(x)<f(0)=0$,即 $x>0$,$x-\dfrac{x^2}{2}-\ln(1+x)<0$,得证左式.

令 $g(x)=\ln(1+x)-x$,则 $g(0)=0$,因 $g'(x)=\dfrac{-x}{1+x}$,当 $x>0$ 时,$g'(x)<0$,故 $g(x)$ 在区间 $(0,+\infty)$ 内单调减少,所以 $x>0$,$g(x)<g(0)=0$,即 $x>0$,$\ln(1+x)-x<0$,得证右式.

2. 证明 令 $f(x)=x-\mathrm{e}\ln x$,则 $f(\mathrm{e})=0$,因 $f'(x)=1-\dfrac{\mathrm{e}}{x}$,当 $x>\mathrm{e}$ 时,$f'(x)>0$,故 $f(x)$ 在区间 $(\mathrm{e},+\infty)$ 内单调增加,由于 $\pi>\mathrm{e}$,所以 $f(\pi)>f(\mathrm{e})=0$,即 $f(\pi)>0$,$\pi-\mathrm{e}\ln\pi>0$,得证原式.

五、解 设正方形周长为 x,则边长为 $\dfrac{x}{4}$,圆形周长为 $a-x$,则半径为 $\dfrac{a-x}{2\pi}$,因此正方形与圆形面积之和为 $S(x)=\left(\dfrac{x}{4}\right)^2+\pi\left(\dfrac{a-x}{2\pi}\right)^2=\dfrac{x^2}{16}+\dfrac{1}{4\pi}(a-x)^2$,于是 $S'(x)=\dfrac{x}{8}-\dfrac{a}{2\pi}+\dfrac{x}{2\pi}$.令 $S'(x)=0$ 得 $x=\dfrac{4a}{\pi+4}$,又 $S''(x)=\dfrac{1}{8}+\dfrac{1}{2\pi}>0$,知 $x=\dfrac{4a}{\pi+4}$ 为极小值点,又驻点

唯一,故极小值点为最小值点,即围正方形铁丝长为 $\dfrac{4a}{\pi+4}$ 围圆形铁丝长为 $\dfrac{\pi a}{\pi+4}$ 时,正方形与圆形面积之和最小.

六、解　函数 $y=\dfrac{e^x}{x}$ 的定义域为 $(-\infty,0)\bigcup(0,+\infty)$,并且 $y'=\dfrac{e^x(x-1)}{x^2}$. 令 $y'=0$ 得到 $x=1,1$ 将定义域分成三个区间,每个区间上导函数的符号、函数的单调性以及极值点极值情况见下表:

x	$(-\infty,0)$	0	$(0,1)$	1	$(1,+\infty)$
y'	$-$	无定义	$-$	0	$+$
y	单调减	无定义	单调减	极小值 e	单调增

因此函数 $y=\dfrac{e^x}{x}$ 的单调增加区间为 $[1,+\infty)$,单调减少区间为 $(-\infty,0)\bigcup(0,1)$,极小值点为 $x=1$,极小值是 e;又 $y''=\dfrac{e^x(x^2-2x+2)}{x^3}$,$x=0$ 为不可导点.0 将实数轴分成两个区间,每个区间上二阶导函数的符号、函数的凹凸性以及拐点的情况见下表:

x	$(-\infty,0)$	0	$(0,+\infty)$
y''	$-$	无定义	$+$
y	凸	无定义	凹

注意 $x=0$ 不在定义域中,所以不存在拐点,并且函数 $y=\dfrac{e^x}{x}$ 的凹区间为 $(0,+\infty)$,凸区间为 $(-\infty,0)$.

因极限 $\lim\limits_{x\to+\infty}y=\lim\limits_{x\to+\infty}\dfrac{e^x}{x}=\lim\limits_{x\to+\infty}e^x=+\infty$ 不存在,故曲线 $y=\dfrac{e^x}{x}$ 无水平渐近线;又函数 $y=\dfrac{e^x}{x}$ 在 $x=0$ 处没有定义,并且极限 $\lim\limits_{x\to0}y=\lim\limits_{x\to0}\dfrac{e^x}{x}=\infty$,故曲线 $y=\dfrac{e^x}{x}$ 有铅直渐近线 $x=0$.

最后考察极限 $\lim\limits_{x\to+\infty}\dfrac{y}{x}=\lim\limits_{x\to+\infty}\dfrac{e^x}{x^2}=\lim\limits_{x\to+\infty}\dfrac{e^x}{2x}=\lim\limits_{x\to+\infty}\dfrac{e^x}{2}=+\infty$ 不存在,故曲线 $y=\dfrac{e^x}{x}$ 无斜渐近线.

七、解　据无穷小的性质有 $\dfrac{f(x)+\ln(1+2x)}{x}=2+\alpha$,其中当 $x\to0$ 时,$\alpha\to0$. 因此 $f(x)+\ln(1+2x)=2x+x\alpha$,以及 $f(x)=-\ln(1+2x)+2x+x\alpha$.

由 $f(x)$ 可导知 $f(x)$ 连续,故
$$f(0)=\lim\limits_{x\to0}f(x)=\lim\limits_{x\to0}(2x-\ln(1+2x)+x\alpha)=0,$$
$$\lim\limits_{x\to0}\dfrac{f(x)+\ln(1+2x)}{x}=\lim\limits_{x\to0}\dfrac{f(x)-f(0)}{x-0}+\lim\limits_{x\to0}\dfrac{\ln(1+2x)}{x}$$
$$=f'(0)+\lim\limits_{x\to0}\dfrac{2x}{x}=f'(0)+2=2,$$
所以 $f'(0)=0$.

第 4 章   不定积分

习题 4-1

一、1. $f(x)+c$.

2. $-\cos x+c$，$\arctan x+c$.

3. $\dfrac{2}{5}x^{\frac{5}{2}}+\dfrac{1}{2}x^2-x-2x^{\frac{1}{2}}+c$.

解 $\displaystyle\int(\sqrt{x}+1)\left(x-\dfrac{1}{\sqrt{x}}\right)\mathrm{d}x=\int\left(x^{\frac{3}{2}}+x-\dfrac{1}{\sqrt{x}}-1\right)\mathrm{d}x=\dfrac{2}{5}x^{\frac{5}{2}}+\dfrac{1}{2}x^2-x-2x^{\frac{1}{2}}+c$.

4. $4\sin x-\tan x+c$.

解 $\displaystyle\int\dfrac{4\cos^3 x-1}{\cos^2 x}\mathrm{d}x=\int(4\cos x-\sec^2 x)\mathrm{d}x=4\sin x-\tan x+c$.

5. $x+\cos x+c$.

解 $\displaystyle\int\left(\cos\dfrac{x}{2}-\sin\dfrac{x}{2}\right)^2\mathrm{d}x=\int(1-\sin x)\mathrm{d}x=x+\cos x+c$.

6. $-\cot x+\csc x+c$.

解 $\displaystyle\int\csc x(\csc x-\cot x)\mathrm{d}x=\int(\csc^2 x-\csc x\cot x)\mathrm{d}x=-\cot x+\csc x+c$.

7. $2\arcsin x-3\arctan x+\dfrac{1}{2}\ln|x|+c$.

解 $\displaystyle\int\left(\dfrac{2}{\sqrt{1-x^2}}-\dfrac{3}{1+x^2}+\dfrac{1}{2x}\right)\mathrm{d}x=2\arcsin x-3\arctan x+\dfrac{1}{2}\ln|x|+c$.

8. $x-\sec x+c$.

解 $\displaystyle\int\sec x(\cos x-\tan x)\mathrm{d}x=\int(1-\sec x\tan x)\mathrm{d}x=x-\sec x+c$.

9. $\ln|x|+\arctan x+c$.

解 $\displaystyle\int\dfrac{(x^2+1)+x}{x(1+x^2)}\mathrm{d}x=\int\left(\dfrac{1}{x}+\dfrac{1}{1+x^2}\right)\mathrm{d}x=\ln|x|+\arctan x+c$.

10. $3\mathrm{e}^x+\dfrac{2^x}{\mathrm{e}^x(\ln 2-1)}+c$.

解 $\displaystyle\int\dfrac{3\mathrm{e}^{2x}+2^x}{\mathrm{e}^x}\mathrm{d}x=\int\left[3\mathrm{e}^x+\left(\dfrac{2}{\mathrm{e}}\right)^x\right]\mathrm{d}x=3\mathrm{e}^x+\dfrac{2^x}{\mathrm{e}^x(\ln 2-1)}+c$.

11. $2\cosh x+3\sinh x+c$.

12. $\dfrac{1}{2}(x-\sin x)+c$.

解 $\displaystyle\int\sin^2\dfrac{x}{2}\mathrm{d}x=\int\dfrac{1}{2}(1-\cos x)\mathrm{d}x=\dfrac{1}{2}(x-\sin x)+c$.

二、**解** 因为 $s'=v=3t^2+2t$，所以 $s=\displaystyle\int(3t^2+2t)\mathrm{d}t=t^3+t^2+c$. 又由 $s|_{t=0}=s_0$，

故 $c = s_0$，所以 $s = t^3 + t^2 + s_0$.

三、解　　$\left(\dfrac{1}{2}\sin^2 x\right)' = \sin x \cos x = \dfrac{1}{2}\sin 2x$，$\left(-\dfrac{1}{4}\cos 2x\right)' = \dfrac{1}{2}\sin 2x$，

$$\left(-\dfrac{1}{2}\cos^2 x\right)' = -\cos x\,(\cos x)' = \cos x \sin x = \dfrac{1}{2}\sin 2x.$$

由原函数定义，上述三函数是同一函数的原函数.

习题 4-2

一、1.　(1) $\dfrac{1}{a}$；(2) $\dfrac{1}{2a}$；(3) $\dfrac{1}{a}$；(4) $\dfrac{2}{a}$.

解　(1) $\mathrm{d}(ax+b) = a\,\mathrm{d}x$，故 $\mathrm{d}x = \dfrac{1}{a}\mathrm{d}(ax+b)$；

(2) $\mathrm{d}(ax^2+b) = 2ax\,\mathrm{d}x$，故 $x\,\mathrm{d}x = \dfrac{1}{2a}\mathrm{d}(ax^2+b)$；

(3) $\mathrm{d}(a\ln|x|+b) = \dfrac{a}{x}\mathrm{d}x$，故 $\dfrac{1}{x}\mathrm{d}x = \dfrac{1}{a}\mathrm{d}(a\ln|x|+b)$；

(4) $\mathrm{d}\sqrt{ax+b} = \dfrac{a}{2\sqrt{ax+b}}\mathrm{d}x$，故 $\dfrac{1}{\sqrt{ax+b}}\mathrm{d}x = \dfrac{2}{a}\mathrm{d}\sqrt{ax+b}$.

2.　$-\dfrac{1}{3}\cos\left(3x - \dfrac{\pi}{4}\right) + c$.

解　$\displaystyle\int \sin\left(3x - \dfrac{\pi}{4}\right)\mathrm{d}x = \dfrac{1}{3}\int \sin\left(3x - \dfrac{\pi}{4}\right)\mathrm{d}\left(3x - \dfrac{\pi}{4}\right) = -\dfrac{1}{3}\cos\left(3x - \dfrac{\pi}{4}\right) + c$.

3.　$-\dfrac{1}{2(2x-3)} + c$.

解　$\displaystyle\int \dfrac{1}{(2x-3)^2}\mathrm{d}x = \dfrac{1}{2}\int \dfrac{1}{(2x-3)^2}\mathrm{d}(2x-3) = -\dfrac{1}{2(2x-3)} + c$.

4.　$-\dfrac{4}{3}\mathrm{e}^{-\frac{3}{4}x+1} + c$.

解　$\displaystyle\int \mathrm{e}^{-\frac{3}{4}x+1}\mathrm{d}x = -\dfrac{4}{3}\int \mathrm{e}^{-\frac{3}{4}x+1}\mathrm{d}\left(-\dfrac{3}{4}x+1\right) = -\dfrac{4}{3}\mathrm{e}^{-\frac{3}{4}x+1} + c$.

5.　$-3\ln|1-x| + c$.

解　$\displaystyle\int \dfrac{3}{1-x}\mathrm{d}x = -3\int \dfrac{1}{1-x}\mathrm{d}(1-x) = -3\ln|1-x| + c$.

6.　$\dfrac{1}{6}\arctan\dfrac{2}{3}x + c$.

解　原式 $= \dfrac{1}{9}\displaystyle\int \dfrac{1}{1+\frac{4}{9}x^2}\mathrm{d}x = \dfrac{1}{9}\times\dfrac{3}{2}\int \dfrac{1}{1+\left(\frac{2}{3}x\right)^2}\mathrm{d}\left(\dfrac{2}{3}x\right) = \dfrac{1}{6}\arctan\dfrac{2}{3}x + c$.

7.　$\dfrac{1}{3}(1+x^2)^{\frac{3}{2}} + c$.

解　$\displaystyle\int x\sqrt{1+x^2}\,\mathrm{d}x = \dfrac{1}{2}\int \sqrt{1+x^2}\,\mathrm{d}(1+x^2) = \dfrac{1}{3}(1+x^2)^{\frac{3}{2}} + c$.

8. $\frac{1}{2}(\ln x)^2 + c$.

解 $\int \frac{\ln x}{x}dx = \int \ln x \, d(\ln x) = \frac{1}{2}(\ln x)^2 + c$.

9. $e^{\sin x} + c$.

解 $\int \cos x \, e^{\sin x} dx = \int e^{\sin x} d\sin x = e^{\sin x} + c$.

10. $2\sin\sqrt{x} + c$.

解 $\int \frac{\cos\sqrt{x}}{\sqrt{x}}dx = 2\int \cos\sqrt{x} \, d\sqrt{x} = 2\sin\sqrt{x} + c$.

11. $\frac{1}{2\sqrt{2}}\ln\left|\frac{\sqrt{2}x-1}{\sqrt{2}x+1}\right| + c$.

解 $\int \frac{dx}{2x^2-1} = \frac{1}{2}\int\left(\frac{1}{\sqrt{2}x-1} - \frac{1}{\sqrt{2}x+1}\right)dx = \frac{1}{2\sqrt{2}}\int\frac{1}{\sqrt{2}x-1}d(\sqrt{2}x-1) -$

$\frac{1}{2\sqrt{2}}\int\frac{1}{\sqrt{2}x+1}d(\sqrt{2}x+1) = \frac{1}{2\sqrt{2}}\ln\left|\frac{\sqrt{2}x-1}{\sqrt{2}x+1}\right| + c$.

12. $\frac{1}{2}\cos x - \frac{1}{6}\cos 3x + c$ 或 $\cos x - \frac{2}{3}\cos^3 x + c$.

解 方法一 利用三角函数的积化和差,得

$\int \sin x\cos 2x \, dx = \frac{1}{2}\int[\sin(-x) + \sin 3x]dx = \frac{1}{2}\cos x - \frac{1}{6}\cos 3x + c$.

方法二

$\int \sin x\cos 2x \, dx = -\int \cos 2x \, d\cos x = \int(1 - 2\cos^2 x)d\cos x = \cos x - \frac{2}{3}\cos^3 x + c$.

二、1. **解** 原式 $= \int \sec^2 x \cdot \sec x \cdot \tan x \, dx = \int \sec^2 x \, d(\sec x) = \frac{1}{3}\sec^3 x + c$.

2. **解** 原式 $= \int \frac{d\arcsin x}{\arcsin x} = \ln|\arcsin x| + c$.

3. **解** 原式 $= \int \frac{d(\sin x - \cos x)}{\sqrt{(\sin x - \cos x)^3}} = \frac{-2}{\sqrt{\sin x - \cos x}} + c$.

4. **解** 原式 $= \int \frac{\cos x}{\sin x \ln\sin x}dx = \int \frac{1}{\sin x \ln\sin x}d\sin x = \int \frac{1}{\ln\sin x}d\ln\sin x = \ln|\ln\sin x| + c$.

5. **解** 原式 $= \int \frac{1}{(x\ln x)^2}d(x\ln x) = -\frac{1}{x\ln x} + c$.

6. **解** 原式 $= \int 2\arctan\sqrt{x} \, d\arctan\sqrt{x} = (\arctan\sqrt{x})^2 + c$.

三、1. **解** 令 $x = a\sin t\left(-\frac{\pi}{2} < t < \frac{\pi}{2}\right)$,则 $dx = a\cos t \, dt$,于是

原式 $= \int \frac{a\cos t \, dt}{(a\sin t)^2 a\cos t} = \int \frac{dt}{(a\sin t)^2} = \frac{1}{a^2}\int \csc^2 t \, dt = -\frac{1}{a^2}\cot t + c = -\frac{\sqrt{a^2-x^2}}{a^2 x} + c$.

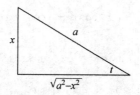

2. **解**　令 $x=a\tan t\left(-\dfrac{\pi}{2}<t<\dfrac{\pi}{2}\right)$，则 $\mathrm{d}x=a\sec^2 t\,\mathrm{d}t$，于是

$$原式=\int\frac{a\sec^2 t}{a^3\sec^3 t}\mathrm{d}t=\int\frac{1}{a^2\sec t}\mathrm{d}t=\frac{1}{a^2}\int\cos t\,\mathrm{d}t=\frac{1}{a^2}\sin t+c=\frac{1}{a^2}\frac{x}{\sqrt{a^2+x^2}}+c.$$

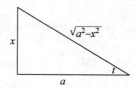

3. **解**　$原式=\dfrac{1}{2}\int\dfrac{1}{\sqrt{(x^2-9)^3}}\mathrm{d}(x^2-9)=-\dfrac{1}{\sqrt{x^2-9}}+c.$

习题 4-3

一、1. **解**　$原式=\dfrac{1}{2}\int x\,\mathrm{d}e^{2x}=\dfrac{1}{2}\left(xe^{2x}-\int e^{2x}\,\mathrm{d}x\right)=\dfrac{1}{2}xe^{2x}-\dfrac{1}{4}\int e^{2x}\mathrm{d}(2x)$

$$=\frac{1}{2}xe^{2x}-\frac{1}{4}e^{2x}+c.$$

2. **解**　$原式=-\dfrac{1}{\omega}\int t\,\mathrm{d}\cos(\omega t+\varphi)=-\dfrac{1}{\omega}\left[t\cos(\omega t+\varphi)-\int\cos(\omega t+\varphi)\mathrm{d}t\right]$

$$=-\frac{t}{\omega}\cos(\omega t+\varphi)+\frac{1}{\omega^2}\int\cos(\omega t+\varphi)\mathrm{d}(\omega t+\varphi)$$

$$=-\frac{t}{\omega}\cos(\omega t+\varphi)+\frac{1}{\omega^2}\sin(\omega t+\varphi)+c.$$

3. **解**　$原式=\int x\,\mathrm{d}\tan x=x\tan x-\int\tan x\,\mathrm{d}x=x\tan x+\ln|\cos x|+c.$

4. **解**　$原式=x\ln(x+\sqrt{x^2-1})-\int x\,\mathrm{d}\ln(x+\sqrt{x^2-1})$

$$=x\ln(x+\sqrt{x^2-1})-\int x\,\frac{1+\dfrac{x}{\sqrt{x^2-1}}}{x+\sqrt{x^2-1}}\mathrm{d}x\,(分母有理化)$$

$$=x\ln(x+\sqrt{x^2-1})-\int\frac{x}{\sqrt{x^2-1}}\mathrm{d}x$$

$$=x\ln(x+\sqrt{x^2-1})-\frac{1}{2}\int\frac{1}{\sqrt{x^2-1}}\mathrm{d}(x^2-1)$$

$$=x\ln(x+\sqrt{x^2-1})-\sqrt{x^2-1}+c.$$

5. 解 原式 $= -\int x^2 \mathrm{d}\cos x = -\left(x^2 \cos x - \int \cos x \mathrm{d}x^2\right) = -x^2 \cos x + 2\int x \cos x \mathrm{d}x$

$$= -x^2 \cos x + 2\int x \mathrm{d}\sin x = -x^2 \cos x + 2\left(x \sin x - \int \sin x \mathrm{d}x\right)$$

$$= -x^2 \cos x + 2x \sin x + 2\cos x + c.$$

6. 解 由于 $f(x)$ 的一个原函数是 $\ln(x + \sqrt{1+x^2})$，所以

$$f(x) = (\ln(x + \sqrt{1+x^2}))' = \frac{1}{\sqrt{1+x^2}}.$$

而

$$\int x f'(x) \mathrm{d}x = \int x \mathrm{d}f(x) = x f(x) - \int f(x) \mathrm{d}x = x f(x) - \ln(x + \sqrt{1+x^2}) + c$$

$$= \frac{x}{\sqrt{1+x^2}} - \ln(x + \sqrt{1+x^2}) + c.$$

二、1. C.

解 $\int \ln(x+1) \mathrm{d}x = x \ln(x+1) - \int x \mathrm{d}\ln(x+1) = x \ln(x+1) - \int \frac{x}{1+x} \mathrm{d}x$

$$= x \ln(x+1) - \int \left(1 - \frac{1}{1+x}\right) \mathrm{d}x$$

$$= x \ln(x+1) - x + \ln(x+1) + c. \text{ 选 C.}$$

2. C.

解 $\int x f''(x) \mathrm{d}x = \int x \mathrm{d}f'(x) = x f'(x) - \int f'(x) \mathrm{d}x = x f'(x) - f(x) + c. \text{ 选 C.}$

三、1. 解 令 $\sqrt[3]{x} = t$，则 $x = t^3$，$\mathrm{d}x = 3t^2 \mathrm{d}t$，故

原式 $= 3\int t^2 e^t \mathrm{d}t = 3\int t^2 \mathrm{d}e^t = 3\left(t^2 e^t - \int e^t \mathrm{d}t^2\right) = 3t^2 e^t - 6\int t e^t \mathrm{d}t = 3t^2 e^t - 6\int t \mathrm{d}e^t$

$$= 3t^2 e^t - 6(t e^t - e^t) + c = 3e^{\sqrt[3]{x}}(\sqrt[3]{x^2} - 2\sqrt[3]{x} + 2) + c.$$

2. 解 原式 $= x \arctan x - \int x \mathrm{d}\arctan x = x \arctan x - \int \frac{x}{1+x^2} \mathrm{d}x$

$$= x \arctan x - \frac{1}{2} \int \frac{1}{1+x^2} \mathrm{d}(x^2+1) = x \arctan x - \frac{1}{2} \ln(1+x^2) + c.$$

3. 解 方法一 $\int e^x \cos x \mathrm{d}x = \int e^x \mathrm{d}\sin x = e^x \sin x - \int \sin x \mathrm{d}e^x = e^x \sin x - \int e^x \sin x \mathrm{d}x$

$$= e^x \sin x + \int e^x \mathrm{d}\cos x = e^x \sin x + \left(e^x \cos x - \int \cos x \mathrm{d}e^x\right)$$

$$= e^x \sin x + e^x \cos x - \int e^x \cos x \mathrm{d}x + c,$$

所以 $\int e^x \cos x \mathrm{d}x = \frac{1}{2}(e^x \sin x + e^x \cos x) + c.$

方法二 $\int e^x \cos x \mathrm{d}x = \int \cos x \mathrm{d}e^x = e^x \cos x - \int e^x \mathrm{d}\cos x = e^x \cos x + \int e^x \sin x \mathrm{d}x$

$$= e^x \cos x + \int \sin x \, de^x = e^x \cos x + \sin x \, e^x - \int e^x d\sin x$$

$$= e^x \cos x + \sin x \, e^x - \int e^x \cos x \, dx + c,$$

所以 $\int e^x \cos x \, dx = \dfrac{1}{2}(e^x \sin x + e^x \cos x) + c.$

习题 4-4

1. 解   原式 $= \displaystyle\int \left(1 + \dfrac{3}{x^2 - 5x + 6}\right) dx = \int 1 \, dx + 3\int \left(\dfrac{1}{x-3} - \dfrac{1}{x-2}\right) dx$

$$= x + 3\ln \dfrac{|x-3|}{|x-2|} + c.$$

2. 解   原式 $= \displaystyle\int \dfrac{x^2 + x + 1 - x}{(x+1)^2(x-1)} dx = \int \dfrac{x}{x^2 - 1} dx - \int \dfrac{1}{(x+1)^2} dx$

$$= \dfrac{1}{2}\ln|x^2 - 1| + \dfrac{1}{x+1} + c.$$

3. 解   令 $x = t^6$，则 $dx = 6t^5 dt$，于是

原式 $= \displaystyle\int \dfrac{6t^5}{t^3 + t^2} dt = 6\int \left(\dfrac{t^3 + 1}{t + 1} - \dfrac{1}{t+1}\right) dt = 6\int \left(t^2 - t + 1 - \dfrac{1}{1+t}\right) dt$

$$= 6\left[\dfrac{t^3}{3} - \dfrac{t^2}{2} + t - \ln(1+t)\right] + c = 6\left[\dfrac{\sqrt{x}}{3} - \dfrac{\sqrt[3]{x}}{2} + \sqrt[6]{x} - \ln(1 + \sqrt[6]{x})\right] + c.$$

总习题 4

一、1. $-\dfrac{4}{3}.$

解 $\left(\dfrac{2}{3}\ln|\cos 2x| + 3\right)' = -\dfrac{2}{3}\dfrac{2\sin 2x}{\cos 2x} = -\dfrac{4}{3}\tan 2x$，故 $k = -\dfrac{4}{3}.$

2. $\arcsin x + \pi.$

解 $F(x) = \displaystyle\int F'(x) dx = \arcsin x + c$，由 $F(1) = \dfrac{3}{2}\pi$ 知 $F(x) = \arcsin x + \pi.$

3. $\dfrac{1}{2|x|} + c.$

解 $\displaystyle\int x f'(x^2) dx = \dfrac{1}{2}\int f'(x^2) dx^2 = \dfrac{1}{2}f(x^2) + c = \dfrac{1}{2|x|} + c.$

4. $F[\phi(x)] + c.$

解 $\displaystyle\int f[\phi(x)]\phi'(x) dx = \int f[\phi(x)] d\phi(x) = F[\phi(x)] + c.$

5. $-\dfrac{1}{xf(x)} + c.$

解 $\displaystyle\int \dfrac{f(x) + xf'(x)}{x^2 f^2(x)} dx = \int \dfrac{d[xf(x)]}{x^2 f^2(x)} = -\dfrac{1}{xf(x)} + c.$

6. $(4x^2 - 2)e^{-x^2}.$

解 $f(x) = \left(\int f(x)\mathrm{d}x\right)' = (\mathrm{e}^{-x^2} + c)' = -2x\mathrm{e}^{-x^2}$，$f'(x) = (4x^2 - 2)\mathrm{e}^{-x^2}$.

7. $-f(\cos x)\sin x + c$.

解 $\displaystyle\int\cos x \cdot f(\cos x)\mathrm{d}x = \int f(\cos x)\mathrm{d}\sin x = f(\cos x)\sin x - \int\sin x \cdot \mathrm{d}f(\cos x)$

$$= f(\cos x)\sin x + \int\sin^2 x \cdot f'(\cos x)\mathrm{d}x,$$

故

$$\int\sin^2 x f'(\cos)x\mathrm{d}x - \int\cos x \cdot f(\cos x)\mathrm{d}x = -f(\cos x)\sin x + c.$$

8. $x + \mathrm{e}^x + c$.

解 令 $\ln x = t$，则 $x = \mathrm{e}^t$，故 $f'(t) = 1 + \mathrm{e}^t$. 所以

$$f(x) = \int f'(x)\mathrm{d}x = \int(1 + \mathrm{e}^x)\mathrm{d}x = x + \mathrm{e}^x + c.$$

9. $-\dfrac{1}{3}(1 - x^2)^{\frac{3}{2}} + c$.

解 对题中的等式两边求导可得 $xf(x) = \dfrac{1}{\sqrt{1 - x^2}}$，所以 $f(x) = \dfrac{1}{x\sqrt{1 - x^2}}$.

$$\int\frac{1}{f(x)}\mathrm{d}x = \int x\sqrt{1 - x^2}\,\mathrm{d}x = -\frac{1}{2}\int\sqrt{1 - x^2}\,\mathrm{d}(1 - x^2) = -\frac{1}{3}(1 - x^2)^{\frac{3}{2}} + c.$$

二、1. C.

解 $\displaystyle\int f'(x)\mathrm{d}x = f(x) + c$，故 A 不正确. $\displaystyle\int\mathrm{d}f(x) = f(x) + c$，故 B 不正确. $\mathrm{d}\displaystyle\int f(x)\mathrm{d}x = f(x)\mathrm{d}x$，故 D 不正确. 选 C.

2. D.

解 由题知 $f(x) = \dfrac{1 - \ln x}{x^2}$，由分部积分知 $\displaystyle\int xf'(x)\mathrm{d}x = xf(x) - \int f(x)\mathrm{d}x = \dfrac{1}{x} - \dfrac{2\ln x}{x} + c$. 选 D.

3. B.

解 $\displaystyle\int xf(1 - x^2)\mathrm{d}x = -\frac{1}{2}\int f(1 - x^2)\mathrm{d}(1 - x^2) = -\frac{1}{2}(1 - x^2)^2 + c_1 = x^2 - \frac{1}{2}x^4 + c$. 选 B.

4. C.

解 由 $\dfrac{\mathrm{d}}{\mathrm{d}x}[f(x)]^2 = 2f(x)f'(x)$ 知 $f'(x) = \dfrac{2}{1 - x^2}$，所以

$$f(x) = \int f'(x)\mathrm{d}x = \int\left(\frac{1}{1 + x} + \frac{1}{1 - x}\right)\mathrm{d}x = \ln\left|\frac{1 + x}{1 - x}\right| + c.$$

由 $f(0) = 0$ 知 $f(x) = \ln\left|\dfrac{1 + x}{1 - x}\right|$. 选 C.

5. B.

解 $\int f(\ln x) \cdot f'(\ln x) \cdot \dfrac{1}{x}\mathrm{d}x = \int f(\ln x)f'(\ln x)\mathrm{d}(\ln x) = \int f(\ln x) \cdot \mathrm{d}[f(\ln x)] = \dfrac{1}{2}[f(\ln x)]^2 + c.$ 选 B.

6. A,D.

三、1. **解** 原式 $= -\dfrac{1}{2}\displaystyle\int \dfrac{1}{\sqrt{1-x^2}}\mathrm{d}(1-x^2) = -\sqrt{1-x^2} + c.$

2. **解** 原式 $= -\displaystyle\int \dfrac{(1-\cos^2 x)}{2+\cos x}\mathrm{d}\cos x = -\displaystyle\int \dfrac{(4-\cos^2 x)-3}{2+\cos x}\mathrm{d}\cos x$

$\qquad = -\displaystyle\int \dfrac{(2-\cos x)(2+\cos x)-3}{2+\cos x}\mathrm{d}\cos x$

$\qquad = -\displaystyle\int (2-\cos x)\mathrm{d}\cos x + \displaystyle\int \dfrac{3}{2+\cos x}\mathrm{d}(\cos x + 2)$

$\qquad = -2\cos x + \dfrac{1}{2}\cos^2 x + 3\ln(\cos x + 2) + c.$

3. **解** 原式 $= \displaystyle\int \dfrac{1}{(x+2)^2+1}\mathrm{d}(x+2) = \arctan(x+2) + c.$

4. **解** 令 $x = \sin t\left(-\dfrac{\pi}{2} < t < \dfrac{\pi}{2}\right)$，则 $\mathrm{d}x = \cos t\,\mathrm{d}t.$ 于是

$$原式 = \int \dfrac{\cos t\,\mathrm{d}t}{\sin^2 t\cos t} = \int \dfrac{\mathrm{d}t}{\sin^2 t} = -\cot t + c = -\dfrac{\sqrt{1-x^2}}{x} + c.$$

5. **解** 令 $\sqrt{x} = t$，则 $x = t^2$，于是

$$原式 = \int \arctan t\,\mathrm{d}t^2 = t^2\arctan t - \int t^2\,\mathrm{d}\arctan t = t^2\arctan t - \int \dfrac{t^2}{t^2+1}\mathrm{d}t$$

$$= t^2\arctan t - \int \dfrac{t^2+1-1}{t^2+1}\mathrm{d}t = t^2\arctan t - \int \mathrm{d}t + \int \dfrac{1}{t^2+1}\mathrm{d}t$$

$$= t^2\arctan t - t + \arctan t + c = x\arctan\sqrt{x} - \sqrt{x} + \arctan\sqrt{x} + c.$$

四、**证明** $I_n = \displaystyle\int \sec^n x\,\mathrm{d}x = \int \sec^{n-2}x\,\mathrm{d}\tan x = \sec^{n-2}x\tan x - \int \tan x\,\mathrm{d}\sec^{n-2}x$

$\qquad = \sec^{n-2}x\tan x - \displaystyle\int \tan x \cdot (n-2) \cdot \sec^{n-3}x \cdot \sec x \cdot \tan x\,\mathrm{d}x$

$\qquad = \sec^{n-2}x\tan x - (n-2) \cdot \displaystyle\int \tan^2 x \cdot \sec^{n-2}x\,\mathrm{d}x$

$\qquad = \sec^{n-2}x\tan x - (n-2) \cdot \displaystyle\int \sin^2 x \cdot \sec^n x\,\mathrm{d}x.$ ①

而

$$\int \sin^2 x \cdot \sec^n x\,\mathrm{d}x = \int (1-\cos^2 x) \cdot \sec^n x\,\mathrm{d}x = \int \sec^n x\,\mathrm{d}x - \int \cos^2 x \cdot \sec^n x\,\mathrm{d}x$$

$$= \int \sec^n x\,\mathrm{d}x - \int \sec^{n-2}x\,\mathrm{d}x = I_n - I_{n-2}.$$ ②

将②代入①，得到 $I_n = \sec^{n-2}x\tan x - (n-2)(I_n - I_{n-2})$，整理得

$$I_n = \frac{\sec^{n-2}x \cdot \tan x}{n-1} + \frac{n-2}{n-1}I_{n-2}, \qquad n = 2, 3, \cdots.$$

五、解 由 $f(x+0) = f(x) \cdot f(0)$ 可知，$f(0) = 1$. 由导数定义，有

$$f'(x) = \lim_{\Delta x \to 0} \frac{f(x+\Delta x)-f(x)}{\Delta x} = \lim_{\Delta x \to 0} \frac{f(x)f(\Delta x)-f(x)}{\Delta x} = \lim_{\Delta x \to 0} \frac{f(x)(f(\Delta x)-1)}{\Delta x}$$

$$= f(x) \lim_{\Delta x \to 0} \frac{f(\Delta x)-f(0)}{\Delta x - 0} = f(x)f'(0) = f(x)\ln a,$$

故 $\dfrac{f'(x)}{f(x)} = \ln a$，两边积分得 $\displaystyle\int \dfrac{f'(x)}{f(x)}\mathrm{d}x = x\ln a$，故 $\ln|f(x)| = \ln a^x + \ln c$，进一步得到 $\mathrm{e}^{\ln|f(x)|} = \mathrm{e}^{\ln a^x + \ln c}$，所以 $f(x) = ca^x$. 由 $f(0) = 1$，可得 $c = 1$，因此 $f(x) = a^x$.

第5章 定积分

习题 5-1

一、1. 必要，充分.

2. (1) 2.

解 根据定积分的几何意义，定积分 $\displaystyle\int_0^2 x\,\mathrm{d}x$ 表示由直线 $y = x$, $x = 2$ 及 x 轴围成的图形的面积，该图形是三角形，底边长为 2，高为 2，因此面积为 2，即 $\displaystyle\int_0^2 x\,\mathrm{d}x = 2$.

(2) $\dfrac{\pi}{4}a^2$.

解 根据定积分的几何意义，定积分 $\displaystyle\int_0^a \sqrt{a^2-x^2}\,\mathrm{d}x$ 表示的是由曲线 $y = \sqrt{a^2-x^2}$ 以及 x 轴和 y 轴围成的在第一象限内的图形面积，即半径为 a 的四分之一圆的面积，因此有 $\displaystyle\int_0^a \sqrt{a^2-x^2}\,\mathrm{d}x = \dfrac{\pi}{4}a^2$.

(3) 0.

解 由于函数 $y = \sin x$ 在 $\left[0, \dfrac{\pi}{2}\right]$ 上非负，在 $\left[-\dfrac{\pi}{2}, 0\right]$ 上非正，根据定积分的几何意义，定积分 $\displaystyle\int_{-\frac{\pi}{2}}^{\frac{\pi}{2}} \sin x\,\mathrm{d}x$ 表示曲线 $y = \sin x\left(x \in \left[0, \dfrac{\pi}{2}\right]\right)$ 与直线 $x = \dfrac{\pi}{2}$ 所围成的图形 D_1 的面积减去曲线 $y = \sin x\left(x \in \left[-\dfrac{\pi}{2}, 0\right]\right)$ 与直线 $x = -\dfrac{\pi}{2}$ 所围成的图形 D_2 的面积，显然图形 D_1 与 D_2 的面积是相等的，因此有 $\displaystyle\int_{-\frac{\pi}{2}}^{\frac{\pi}{2}} \sin x\,\mathrm{d}x = 0$.

(4) 0.

解 由于函数 $y = \arctan x$ 在 $[0,1]$ 上非负，在 $[-1,0]$ 上非正，根据定积分的几何意义，定积分 $\displaystyle\int_{-1}^1 \arctan x\,\mathrm{d}x$ 表示曲线 $y = \arctan x\,(x \in [0,1])$ 与直线 $x = 1$ 所围成的图形 D_1 的面积减去曲线 $y = \arctan x\,(x \in [-1,0])$ 与直线 $x = -1$ 所围成的图形 D_2 的面积，显然图

形 D_1 与 D_2 的面积是相等的,因此有 $\int_{-1}^{1} \arctan x \, dx = 0$.

3. (1) >.

解 在区间 $(0,1)$ 内有 $x > x^2$,因此 $\int_0^1 x \, dx > \int_0^1 x^2 \, dx$.

(2) <.

解 在区间 $[2,3]$ 上 $x^2 \leqslant x^3$,但 $x^2 \not\equiv x^3$,因此 $\int_2^3 x^2 \, dx < \int_2^3 x^3 \, dx$.

(3) >.

解 在区间 $[1, e]$ 上,由于 $0 = \ln 1 \leqslant \ln x \leqslant \ln e = 1$,得 $(\ln x)^2 \geqslant (\ln x)^3$,但 $(\ln x)^2 \not\equiv (\ln x)^3$,因此 $\int_1^e (\ln x)^2 \, dx > \int_1^e (\ln x)^3 \, dx$.

(4) >.

解 令 $f(x) = e^x - (1+x)$,则 $f'(x) = e^x - 1$. 由 $0 \leqslant x \leqslant 1$,则 $e^x - 1 \geqslant 0$. 于是 $f(x)$ 在区间 $[0,1]$ 递增,从而 $f(x) \geqslant f(0) = 0$. 所以在区间 $[0,1]$,$e^x \geqslant 1 + x$. 但 $e^x \not\equiv 1 + x$,因此 $\int_0^1 e^x \, dx > \int_0^1 (1+x) \, dx$.

二、1. A.

解 在区间 $[2,3]$ 上,$4 \leqslant x^2 \leqslant 9$,根据性质 6,有
$$\int_2^3 4 \, dx \leqslant \int_2^3 x^2 \, dx \leqslant \int_2^3 9 \, dx, \quad 4(3-2) \leqslant \int_2^3 x^2 \, dx \leqslant 9(3-2),$$
即 $4 \leqslant I \leqslant 9$. 选 A.

2. D.

解 在区间 $\left[\dfrac{1}{4}\pi, \dfrac{5}{4}\pi\right]$ 上,$1 = 1 + 0 \leqslant 1 + \sin^2 x \leqslant 1 + 1 = 2$,所以 $\sqrt{1+0} \leqslant \sqrt{1+\sin^2 x}$ $\leqslant \sqrt{1+1}$,因此有 $\int_{\frac{\pi}{4}}^{\frac{5}{4}\pi} dx \leqslant \int_{\frac{\pi}{4}}^{\frac{5}{4}\pi} \sqrt{1+\sin^2 x} \, dx \leqslant \int_{\frac{\pi}{4}}^{\frac{5}{4}\pi} \sqrt{2} \, dx$,即 $\pi \leqslant I \leqslant \sqrt{2}\pi$. 选 D.

3. C.

解 设 $f(x) = \dfrac{\sin x}{x}$,则 $f'(x) = \dfrac{x \cos x - \sin x}{x^2} = \dfrac{\cos x (x - \tan x)}{x^2}$. 若 $\dfrac{\pi}{4} \leqslant x \leqslant \dfrac{\pi}{2}$,则 $x <$

$\tan x$,于是 $f'(x) < 0$,所以 $f(x)$ 在 $\left[\dfrac{\pi}{4}, \dfrac{\pi}{2}\right]$ 单调递减. 因此 $\dfrac{\sin \frac{\pi}{2}}{\frac{\pi}{2}} \leqslant \dfrac{\sin x}{x} \leqslant \dfrac{\sin \frac{\pi}{4}}{\frac{\pi}{4}}$,即 $\dfrac{2}{\pi} \leqslant$

$\dfrac{\sin x}{x} \leqslant \dfrac{2\sqrt{2}}{\pi}$. 所以 $\dfrac{2}{\pi} \times \dfrac{\pi}{4} \leqslant I \leqslant \dfrac{2\sqrt{2}}{\pi} \times \dfrac{\pi}{4}$,于是 $\dfrac{1}{2} \leqslant I \leqslant \dfrac{\sqrt{2}}{2}$. 选 C.

三、**解** (1) $\int_{-1}^1 f(x) \, dx = \dfrac{1}{3} \int_{-1}^1 3f(x) \, dx = 6$.

(2) $\int_1^3 f(x) \, dx = \int_{-1}^3 f(x) \, dx - \int_{-1}^1 f(x) \, dx = 4 - 6 = -2$.

(3) $\int_3^{-1} g(x) \, dx = -\int_{-1}^3 g(x) \, dx = -3$.

(4) $\int_{-1}^{3} \dfrac{1}{5}[4f(x)+3g(x)]\mathrm{d}x = \dfrac{4}{5}\int_{-1}^{3} f(x)\mathrm{d}x + \dfrac{3}{5}\int_{-1}^{3} g(x)\mathrm{d}x = 5.$

四、解　$0 \leqslant x^2 \leqslant \left(\dfrac{1}{\sqrt{2}}\right)^2 = \dfrac{1}{2}$，于是 $\mathrm{e}^{-\frac{1}{2}} \leqslant \mathrm{e}^{-x^2} \leqslant \mathrm{e}^{0}$，所以

$$\mathrm{e}^{-\frac{1}{2}}\left(\dfrac{1}{\sqrt{2}}+\dfrac{1}{\sqrt{2}}\right) \leqslant \int_{-\frac{1}{\sqrt{2}}}^{\frac{1}{\sqrt{2}}} \mathrm{e}^{-x^2}\,\mathrm{d}x \leqslant \mathrm{e}^{0}\left(\dfrac{1}{\sqrt{2}}+\dfrac{1}{\sqrt{2}}\right),$$

即 $\sqrt{2}\,\mathrm{e}^{-\frac{1}{2}} \leqslant \int_{-\frac{1}{\sqrt{2}}}^{\frac{1}{\sqrt{2}}} \mathrm{e}^{-x^2}\,\mathrm{d}x \leqslant \sqrt{2}.$

习题 5-2

一、1. $f(x), -f(x).$

解　$\dfrac{\mathrm{d}}{\mathrm{d}x}\int_{a}^{x} f(t)\mathrm{d}t = f(x),\ \dfrac{\mathrm{d}}{\mathrm{d}x}\int_{x}^{b} f(t)\mathrm{d}t = -f(x).$

2. $\dfrac{x\sin x}{1+\cos^2 x}.$

3. $\sin x\sqrt{1+\sin^2 x}\,(\cos x).$

解　原式 $= \sin x\sqrt{1+\sin^2 x}\,(\sin x)' = \sin x\sqrt{1+\sin^2 x}\,(\cos x).$

4. $\dfrac{1}{2}.$

解　原式 $= \lim_{x\to 0} \dfrac{\left(\int_{0}^{x}\tan t\,\mathrm{d}t\right)'}{(x^2)'} = \lim_{x\to 0}\dfrac{\tan x}{2x} = \dfrac{1}{2}.$

5. $4\sqrt{3}-\dfrac{10\sqrt{2}}{3}.$

解　原式 $= \int_{2}^{3}\left(x^{\frac{1}{2}}+x^{-\frac{1}{2}}\right)\mathrm{d}x = \left[\dfrac{2}{3}x^{\frac{3}{2}}\right]_{2}^{3} + 2\left[x^{\frac{1}{2}}\right]_{2}^{3} = 4\sqrt{3}-\dfrac{10\sqrt{2}}{3}.$

6. $1-\dfrac{\pi}{4}.$

解　原式 $= \int_{0}^{\frac{\pi}{4}}(\sec^2 x - 1)\mathrm{d}x = [\tan x - x]_{0}^{\frac{\pi}{4}} = 1-\dfrac{\pi}{4}.$

7. $\dfrac{\pi}{6a}.$

解　原式 $= \dfrac{1}{a^2}\int_{\frac{a}{\sqrt{3}}}^{\sqrt{3}a} \dfrac{\mathrm{d}x}{1+\left(\frac{x}{a}\right)^2} = \dfrac{1}{a}\int_{\frac{a}{\sqrt{3}}}^{\sqrt{3}a} \dfrac{\mathrm{d}\left(\frac{x}{a}\right)}{1+\left(\frac{x}{a}\right)^2}$

$$= \dfrac{1}{a}\left[\arctan\dfrac{x}{a}\right]_{\frac{a}{\sqrt{3}}}^{\sqrt{3}a} = \dfrac{1}{a}\left(\dfrac{\pi}{3}-\dfrac{\pi}{6}\right) = \dfrac{\pi}{6a}.$$

二、1. C.

解　原式 $= \int_{0}^{3}|2-x|\,\mathrm{d}x = \int_{0}^{2}(2-x)\mathrm{d}x + \int_{2}^{3}(x-2)\mathrm{d}x$

$$=\left[2x-\frac{x^2}{2}\right]_0^2+\left[\frac{x^2}{2}-2x\right]_2^3=\frac{5}{2}.\ \text{选 C}.$$

2. B.

解　原式$=e^{-x^2}\cos(x^2)(x^2)'-e^{-2x}\cos2x\cdot(2x)'=2xe^{-x^2}\cos(x^2)-2e^{-2x}\cos2x.$ 选 B.

3. A.

解　极限类型"$\dfrac{0}{0}$",由洛必达法则,得

$$\text{原式}=\lim_{x\to0^+}\frac{\left(\displaystyle\int_0^{x^2}t^{\frac{3}{2}}\,\mathrm{d}t\right)'}{\left(\displaystyle\int_0^x t(t-\sin t)\,\mathrm{d}t\right)'}=\lim_{x\to0^+}\frac{(x^2)^{\frac{3}{2}}(x^2)'}{x(x-\sin x)}=\lim_{x\to0^+}\frac{(x^3)\cdot(2x)}{x(x-\sin x)}$$

$$=\lim_{x\to0^+}\frac{2x^3}{x-\sin x}=\lim_{x\to0^+}\frac{(2x^3)'}{(x-\sin x)'}=\lim_{x\to0^+}\frac{6x^2}{1-\cos x}=\lim_{x\to0^+}\frac{12x}{\sin x}=12.\ \text{选 A}.$$

4. B.

解　原式$=\lim_{x\to0}\dfrac{\displaystyle\int_0^{\sin x}t^2\,\mathrm{d}t}{x^3+x^4}=\lim_{x\to0}\dfrac{(\sin x)^2\cos x}{3x^2+4x^3}=\lim_{x\to0}\dfrac{x^2\cos x}{3x^2+4x^3}=\lim_{x\to0}\dfrac{\cos x}{3+4x}=\dfrac{1}{3}.$ 选 B.

三、解　注意 x,y 均为关于参数 t 的函数,由参数方程所确定的函数求导法则,得

$$\frac{\mathrm{d}y}{\mathrm{d}x}=\frac{\dfrac{\mathrm{d}y}{\mathrm{d}t}}{\dfrac{\mathrm{d}x}{\mathrm{d}t}}=\frac{\left(\displaystyle\int_0^t u\tan u\,\mathrm{d}u\right)'_t}{\left(\displaystyle\int_0^t \tan u\,\mathrm{d}u\right)'_t}=\frac{t\tan t}{\tan t}=t.$$

四、解　由隐函数所确定的函数求导法则,方程两边对 x 求导得 $\left(\displaystyle\int_0^y e^t\,\mathrm{d}t+\int_0^x\sin t\,\mathrm{d}t\right)'=0',$

即 $e^y\dfrac{\mathrm{d}y}{\mathrm{d}x}+\sin x=0,$ 移项得 $\dfrac{\mathrm{d}y}{\mathrm{d}x}=-\dfrac{\sin x}{e^y}.$

五、解　若 $F(x)$ 在 $x=0$ 处连续,则由连续定义得 $\lim_{x\to0}F(x)=F(0)=c.$ 因为

$$\lim_{x\to0}F(x)=\lim_{x\to0}\frac{\displaystyle\int_0^x tf(t)\,\mathrm{d}t}{x^2}=\lim_{x\to0}\frac{xf(x)}{2x}=\lim_{x\to0}\frac{f(x)}{2}=\frac{f(0)}{2}=\frac{1}{2},$$

所以 $c=\dfrac{1}{2}.$

六、(1) 解　$F'(x)=e^{-x^2}(x^2)'=2xe^{-x^2}.$ 令 $F'(x)=0,$ 解得 $x=0.$

x	$(-\infty,0)$	$x=0$	$(0,+\infty)$
$F'(x)$	$-$	0	$+$
$F(x)$	递减	极小值	递增

极小值 $F(0)=\displaystyle\int_0^0 e^{-t}\,\mathrm{d}t=0.$

(2) $F''(x)=(2xe^{-x^2})'=2e^{-x^2}+2xe^{-x^2}(-2x)=2e^{-x^2}(1-2x^2).$ 令 $F''(x)=0,$ 即

$1-2x^2=0$,解得 $x=\pm\dfrac{\sqrt{2}}{2}$.

x	$\left(-\infty,-\dfrac{\sqrt{2}}{2}\right)$	$-\dfrac{\sqrt{2}}{2}$	$\left(-\dfrac{\sqrt{2}}{2},\dfrac{\sqrt{2}}{2}\right)$	$\dfrac{\sqrt{2}}{2}$	$\left(\dfrac{\sqrt{2}}{2},+\infty\right)$
$F''(x)$	$-$	0	$+$	0	$-$
$F(x)$	凸	拐点	凹	拐点	凸

拐点横坐标为 $x=\pm\dfrac{\sqrt{2}}{2}$.

(3) $F(0)=\displaystyle\int_0^0 e^{-t}\,dt=0$,

$\displaystyle\int_0^3 F'(x)\,dx=\big[F(x)\big]_0^3=F(3)-F(0)=\int_0^9 e^{-t}\,dt=-\big[e^{-t}\big]_0^9=1-e^{-9}.$

习题 5-3（Ⅰ）

一、1. $\dfrac{3}{2}$.

解 $\displaystyle\int_1^e \frac{1+\ln x}{x}\,dx=\int_1^e\left(\frac{1}{x}+\frac{\ln x}{x}\right)dx=\int_1^e\frac{1}{x}\,dx+\int_1^e\frac{\ln x}{x}\,dx$

$\qquad\qquad =\big[\ln x\big]_1^e+\int_1^e\ln x\,d(\ln x)=1+\left[\frac{(\ln x)^2}{2}\right]_1^e=\dfrac{3}{2}.$

2. $\dfrac{\pi}{2}$.

解 根据定积分的几何意义,定积分 $\displaystyle\int_0^{\sqrt{2}}\sqrt{2-x^2}\,dx$ 表示的是由曲线 $y=\sqrt{2-x^2}$ 以及 x 轴和 y 轴围成的在第一象限内的图形面积,即半径为 $\sqrt{2}$ 的四分之一圆的面积,因此有 $\displaystyle\int_0^{\sqrt{2}}\sqrt{2-x^2}\,dx=\frac{1}{4}\pi(\sqrt{2})^2=\frac{\pi}{2}.$

3. 0.

解 由于被积函数 $f(x)=\dfrac{x\cos x}{1+\sin^2 x}$ 为奇函数,因此 $\displaystyle\int_{-2}^2\frac{x\cos x}{1+\sin^2 x}\,dx=0.$

4. $\dfrac{4}{3}$.

解 原式$=\displaystyle\int_{-1}^1 x^2\,dx+2\int_{-1}^1 x\,|\,x\,|\,dx+\int_{-1}^1 x^2\,dx=2\int_{-1}^1 x^2\,dx=\dfrac{4}{3}.$

二、1. **解** 原式 $=-\displaystyle\int_1^2 e^{\frac{1}{x}}\,d\left(\frac{1}{x}\right)=-\big[e^{\frac{1}{x}}\big]_1^2=e-e^{\frac{1}{2}}.$

2. **解** 令 $\sqrt{5-4x}=t$,则 $x=\dfrac{5-t^2}{4}$,$dx=-\dfrac{1}{2}t\,dt$. 当 $x=-1$ 时,$t=3$;当 $x=1$ 时,$t=1$;故

原式$=\displaystyle\int_3^1\frac{t^2-5}{8}\,dt=\frac{1}{8}\left[\frac{t^3}{3}-5t\right]_3^1=\frac{1}{8}\left(-\frac{14}{3}+\frac{18}{3}\right)=\frac{1}{6}.$

3. **解** 令 $x=2\sin t$,则 $dx=2\cos t\,dt$. 当 $x=0$ 时,$t=0$;当 $x=2$ 时,$t=\dfrac{\pi}{2}$. 故

原式 $=\int_0^{\frac{\pi}{2}} 4\sin^2 t \cdot 2\cos t \cdot 2\cos t\, dt = 16\int_0^{\frac{\pi}{2}} \sin^2 t \cdot (1-\sin^2 t)\, dt$

$=16\int_0^{\frac{\pi}{2}} \left(\frac{\sin 2t}{2}\right)^2 dt = 4\int_0^{\frac{\pi}{2}} \sin^2 2t\, dt = 4\int_0^{\frac{\pi}{2}} \frac{1-\cos 4t}{2}\, dt.$

$=2\int_0^{\frac{\pi}{2}} (1-\cos 4t)\, dt = \left[2t\right]_0^{\frac{\pi}{2}} - \left[\frac{\sin 4t}{2}\right]_0^{\frac{\pi}{2}} = \pi.$

4. 解　原式 $=\int_0^{\frac{\pi}{2}} \sin^3 x \cdot \cos^2 x\, d(\sin x) = \int_0^{\frac{\pi}{2}} \sin^3 x \cdot (1-\sin^2 x)\, d(\sin x)$

$=\int_0^{\frac{\pi}{2}} \sin^3 x\, d(\sin x) - \int_0^{\frac{\pi}{2}} \sin^5 x\, d(\sin x) = \left[\frac{\sin^4 x}{4}\right]_0^{\frac{\pi}{2}} - \left[\frac{\sin^6 x}{6}\right]_0^{\frac{\pi}{2}} = \frac{1}{12}.$

5. 解　原式 $=2\int_0^{\pi} |\cos x| \sin^2 x\, dx = 2\int_0^{\frac{\pi}{2}} \cos x \sin^2 x\, dx - 2\int_{\frac{\pi}{2}}^{\pi} \cos x \sin^2 x\, dx$

$=2\int_0^{\frac{\pi}{2}} \sin^2 x\, d(\sin x) - 2\int_{\frac{\pi}{2}}^{\pi} \sin^2 x\, d(\sin x)$

$=\left[2\frac{\sin^3 x}{3}\right]_0^{\frac{\pi}{2}} - \left[2\frac{\sin^3 x}{3}\right]_{\frac{\pi}{2}}^{\pi} = \frac{4}{3}.$

三、1. 证明　$\int_0^{\pi} \sin^n x\, dx = \int_0^{\frac{\pi}{2}} \sin^n x\, dx + \int_{\frac{\pi}{2}}^{\pi} \sin^n x\, dx$，下面证明 $\int_{\frac{\pi}{2}}^{\pi} \sin^n x\, dx = \int_0^{\frac{\pi}{2}} \sin^n x\, dx.$

令 $x=\pi-t$，则 $dx=-dt.$ 当 $x=\frac{\pi}{2}$ 时，$t=\frac{\pi}{2}$；当 $x=\pi$ 时，$t=0.$ 于是

$$\int_{\frac{\pi}{2}}^{\pi} \sin^n x\, dx = \int_{\frac{\pi}{2}}^{0} \sin^n(\pi-t)(-dt) = \int_0^{\frac{\pi}{2}} \sin^n t\, dt = \int_0^{\frac{\pi}{2}} \sin^n x\, dx.$$

2. 证明　令 $x=1-t$，则 $dx=-dt.$ 当 $x=0$ 时，$t=1$；当 $x=1$ 时，$t=0.$ 于是

$$\int_0^1 x^m(1-x)^n\, dx = \int_1^0 t^n(1-t)^m(-dt) = \int_0^1 t^n(1-t)^m\, dt = \int_0^1 x^n(1-x)^m\, dx.$$

3.

证明　令 $t=a+(b-a)x$，则 $dt=(b-a)dx.$ 当 $x=0$ 时，$t=a$；当 $x=1$ 时，$t=b.$ 于是

$(b-a)\int_0^1 f[a+(b-a)x]\, dx = (b-a)\int_a^b f(t)\frac{1}{b-a}\, dt = \int_a^b f(t)\, dt = \int_a^b f(x)\, dx.$

习题 5-3(Ⅱ)

一、1. 解　原式 $=\left[x\ln x\right]_1^e - \int_1^e x\, d(\ln x) = e - \int_1^e x\cdot\frac{1}{x}\, dx = e - \left[x\right]_1^e = 1.$

2. 解　原式 $=\frac{1}{2}\int_0^{\sqrt{\ln 2}} x^2 e^{x^2}\, d(x^2) = \frac{1}{2}\int_0^{\sqrt{\ln 2}} x^2\, d(e^{x^2}) = \frac{1}{2}\left[x^2 e^{x^2}\right]_0^{\sqrt{\ln 2}} - \frac{1}{2}\int_0^{\sqrt{\ln 2}} e^{x^2}\, d(x^2)$

$=\ln 2 - \frac{1}{2}\left[e^{x^2}\right]_0^{\sqrt{\ln 2}} = \ln 2 - \frac{1}{2}.$

3. 解　原式 $=-\int_{\frac{1}{e}}^1 \ln x\, dx + \int_1^e \ln x\, dx$，又由

$$\int \ln x\, dx = x\ln x - \int x\, d\ln x = x\ln x - \int x\cdot\frac{1}{x}\, dx = x\ln x - x + c,$$

则

$$\int_{\frac{1}{e}}^{1} \ln x \, dx = [x \ln x - x]_{\frac{1}{e}}^{1} = -1 + \frac{2}{e}, \quad \int_{1}^{e} \ln x \, dx = [x \ln x - x]_{1}^{e} = 1,$$

所以原式 $= 2 - \dfrac{2}{e}$.

4. **解** 令 $x = \sin t$, 则 $1 - x^2 = \cos^2 t$, $dx = \cos t \, dt$. 当 $x = 0$ 时, $t = 0$; 当 $x = 1$ 时, $t = \dfrac{\pi}{2}$.
于是

$$\text{原式} = \int_{0}^{\frac{\pi}{2}} \cos^{2n} t \cos t \, dt = \int_{0}^{\frac{\pi}{2}} \cos^{2n+1} t \, dt = \frac{2n}{2n+1} \cdot \frac{2n-2}{2n-1} \cdot \cdots \cdot \frac{6}{7} \cdot \frac{4}{5} \cdot \frac{2}{3}.$$

二、**解**
$$\int_{0}^{\pi} f''(x) \sin x \, dx = \int_{0}^{\pi} \sin x \, d(f'(x)) = [f'(x) \sin x]_{0}^{\pi} - \int_{0}^{\pi} f'(x) \, d(\sin x)$$
$$= -\int_{0}^{\pi} f'(x) \cos x \, dx = -\int_{0}^{\pi} \cos x \, d(f(x))$$
$$= -[f(x) \cos x]_{0}^{\pi} + \int_{0}^{\pi} f(x) \, d(\cos x)$$
$$= f(\pi) + f(0) - \int_{0}^{\pi} f(x) \sin x \, dx,$$

所以 $\int_{0}^{\pi} [f(x) + f''(x)] \sin x \, dx = f(\pi) + f(0)$. 由 $\int_{0}^{\pi} [f(x) + f''(x)] \sin x \, dx = 3$, 故 $f(0) = 2$.

三、**解**
$$\text{原式} = \int_{0}^{2} x^2 \, d(f'(x)) = [x^2 f'(x)]_{0}^{2} - \int_{0}^{2} f'(x) \, d(x^2)$$
$$= 4f'(2) - \int_{0}^{2} 2x f'(x) \, dx = -\int_{0}^{2} 2x \, d(f(x))$$
$$= [-2x f(x)]_{0}^{2} + \int_{0}^{2} 2f(x) \, dx$$
$$= -4f(2) + 2\int_{0}^{2} f(x) \, dx = 0.$$

四、**解** 令 $x - 2 = t$, 则 $x = t + 2$ 且 $dx = dt$. 当 $x = 1$ 时, $t = -1$; 当 $x = 3$ 时, $t = 1$. 则
$$\text{原式} = \int_{-1}^{1} f(t) \, dt = \int_{-1}^{0} (1 + t^2) \, dt + \int_{0}^{1} e^{-t} \, dt = \left[t + \frac{t^3}{3} \right]_{-1}^{0} - [e^{-t}]_{0}^{1}$$
$$= \frac{4}{3} - (e^{-1} - 1) = \frac{7}{3} - e^{-1}.$$

习题 5-4

一、1. $\dfrac{1}{8}$.

解 $\text{原式} = \left[-\dfrac{1}{2} x^{-2} \right]_{2}^{+\infty} = \lim_{x \to +\infty} \left(-\dfrac{1}{2x^2} \right) + \dfrac{1}{8} = \dfrac{1}{8}$.

2. 1.

解 $\text{原式} = -\int_{\frac{2}{\pi}}^{+\infty} \sin \dfrac{1}{x} \, d\left(\dfrac{1}{x} \right) = \left[\cos \dfrac{1}{x} \right]_{\frac{2}{\pi}}^{+\infty} = \cos \left(\lim_{x \to +\infty} \dfrac{1}{x} \right) - \cos \dfrac{\pi}{2} = 1$.

3. 2.

解 $\text{原式} = -\int_{0}^{1} (1 - x)^{-\frac{1}{2}} \, d(1 - x) = -2 \left[(1 - x)^{\frac{1}{2}} \right]_{0}^{1}$

$$= \lim_{x \to 1^-} -2\left[(1-x)^{\frac{1}{2}}\right] + 2 = 2.$$

二、1. A.

解 原式 $= -\dfrac{1}{2}\displaystyle\int_{-\infty}^{0} \mathrm{e}^{-x^2}\,\mathrm{d}(-x^2) = -\dfrac{1}{2}\left[\mathrm{e}^{-x^2}\right]_{-\infty}^{0} = -\dfrac{1}{2} + \dfrac{1}{2}\lim_{x \to -\infty} \mathrm{e}^{-x^2} = -\dfrac{1}{2}.$ 选 A.

2. B.

解 原式 $= \dfrac{1}{2}\displaystyle\int_{-\infty}^{+\infty} \dfrac{\mathrm{d}\left(\dfrac{x}{2}\right)}{1+\left(\dfrac{x}{2}\right)^2} = \dfrac{1}{2}\left[\arctan \dfrac{x}{2}\right]_{-\infty}^{+\infty}$

$$= \dfrac{1}{2}\lim_{x \to +\infty} \arctan \dfrac{x}{2} - \dfrac{1}{2}\lim_{x \to -\infty} \arctan \dfrac{x}{2} = \dfrac{1}{2}\left[\dfrac{\pi}{2} - \left(-\dfrac{\pi}{2}\right)\right] = \dfrac{\pi}{2}. \text{ 选 B.}$$

3. C.

解 令 $\sqrt{1-x} = t$，则 $x = 1 - t^2$，$\mathrm{d}x = -2t\,\mathrm{d}t$. 当 $x = 0$ 时，$t = 1$；当 $x = 1$ 时，$t = 0$. 于是

$$\text{原式} = \int_1^0 \dfrac{-2t\,\mathrm{d}t}{(1+t^2)t} = 2\int_0^1 \dfrac{1}{1+t^2}\,\mathrm{d}t = 2\left[\arctan t\right]_0^1 = 2 \times \dfrac{\pi}{4} = \dfrac{\pi}{2}.$$

选 C.

4. D.

解 原式 $= \displaystyle\int_0^1 \dfrac{\mathrm{d}x}{(1-x)^2} + \int_1^2 \dfrac{\mathrm{d}x}{(1-x)^2}$，其中

$$\int_0^1 \dfrac{\mathrm{d}x}{(1-x)^2} = -\int_0^1 (1-x)^{-2}\,\mathrm{d}(1-x) = \left[\dfrac{1}{1-x}\right]_0^1 = \lim_{x \to 1^-}\left(\dfrac{1}{1-x}\right) - 1 = +\infty,$$

发散. 选 D.

总习题 5

一、1. 2.

解 由 $\displaystyle\int_{-1}^{1} x\sqrt{1-x^2}\,\mathrm{d}x = 0$，故

$$\text{原式} = \int_{-1}^{1} x^2\,\mathrm{d}x - 2\int_{-1}^{1} x\sqrt{1-x^2}\,\mathrm{d}x + \int_{-1}^{1}(1-x^2)\,\mathrm{d}x = \int_{-1}^{1}\mathrm{d}x = 2.$$

2. $\dfrac{\ln x - x\ln x}{1+x}$.

解 $f'(x) = \dfrac{\ln x}{1+x}$，$f'\left(\dfrac{1}{x}\right) = \dfrac{\ln \dfrac{1}{x}}{1+\dfrac{1}{x}} = -\dfrac{\ln x}{1+\dfrac{1}{x}} = \dfrac{-x\ln x}{1+x}$，则 $f'(x) + f'\left(\dfrac{1}{x}\right) =$

$\dfrac{\ln x - x\ln x}{1+x}$.

3. $f(x+b) - f(x+a)$.

解 方法一 设 $F'(t) = f(t)$，则 $\displaystyle\int f(t)\,\mathrm{d}t = F(t) + c$，

$$\int f(t+a)\,\mathrm{d}t = \int f(t+a)\,\mathrm{d}(t+a) = F(t+a) + c\ (a\text{ 为常数}),$$

于是

$$\int_a^b f(x+t)\mathrm{d}t = \int_a^b f(x+t)\mathrm{d}(x+t) = \left[F(x+t)\right]_a^b = F(x+b) - F(x+a),$$

$$\frac{\mathrm{d}}{\mathrm{d}x}\int_a^b f(x+t)\mathrm{d}t = \left[F(x+b) - F(x+a)\right]'$$

$$= f(x+b)(x+b)' - f(x+a)(x+a)'$$

$$= f(x+b) - f(x+a).$$

方法二 令 $u=x+t$(此时 x 为常量),则 $\mathrm{d}u=\mathrm{d}t$. 当 $t=a$ 时, $u=x+a$;当 $t=b$ 时, $u=x+b$. 于是

$$原式 = \frac{\mathrm{d}\int_{x+a}^{x+b} f(u)\mathrm{d}u}{\mathrm{d}x} = f(x+b) - f(x+a).$$

4. $14\mathrm{e}^{-\frac{1}{6}} - 12$.

解 令 $3x+1=t$,则 $x=\dfrac{t-1}{3}$,所以 $f(t)=\dfrac{t-1}{3}\mathrm{e}^{\frac{t-1}{6}}$. 于是

$$\int_0^1 f(t)\mathrm{d}t = \int_0^1 \frac{t-1}{3}\mathrm{e}^{\frac{t-1}{6}}\mathrm{d}t = 12\int_0^1 \frac{t-1}{6}\mathrm{e}^{\frac{t-1}{6}}\mathrm{d}\left(\frac{t-1}{6}\right)$$

$$= 12\int_0^1 \frac{t-1}{6}\mathrm{d}(\mathrm{e}^{\frac{t-1}{6}})$$

$$= 12\left[\frac{t-1}{6}\mathrm{e}^{\frac{t-1}{6}}\right]_0^1 - 12\int_0^1 \mathrm{e}^{\frac{t-1}{6}}\mathrm{d}\left(\frac{t-1}{6}\right)$$

$$= 2\mathrm{e}^{-\frac{1}{6}} - 12\left[\mathrm{e}^{\frac{t-1}{6}}\right]_0^1$$

$$= 14\mathrm{e}^{-\frac{1}{6}} - 12.$$

5. $\dfrac{1}{\pi}$.

解
$$\int_{-\infty}^{+\infty} \frac{A}{1+x^2}\mathrm{d}x = A\left[\arctan x\right]_{-\infty}^{+\infty} = A\lim_{x\to+\infty}\arctan x - A\lim_{x\to-\infty}\arctan x$$

$$= A\cdot\frac{\pi}{2} - \left(-A\cdot\frac{\pi}{2}\right) = A\pi = 1,$$

所以 $A=\dfrac{1}{\pi}$.

6. $x-1$.

解 设 $\int_0^1 f(t)\mathrm{d}t = a$,则 $f(x)=x+2a$. $\int_0^1 f(x)\mathrm{d}x = \int_0^1 (x+2a)\mathrm{d}x = a$,即 $a=\left[\dfrac{x^2}{2}\right]_0^1 + \left[2ax\right]_0^1$,解得 $a=-\dfrac{1}{2}$. 所以 $f(x)=x-1$.

二、1. C,D.

解 A 为瑕积分, $x=\pm 1$ 为瑕点. B 为瑕积分, $x=1$ 为瑕点. 其中 C,D 是定积分,可以直接使用牛顿-莱布尼茨公式. 选 C,D.

2. A.

解 $\dfrac{\mathrm{d}}{\mathrm{d}x}\displaystyle\int_{\sqrt{x}}^{1} f(t)\mathrm{d}t = -f(\sqrt{x})(\sqrt{x})' = -f(\sqrt{x})\dfrac{1}{2\sqrt{x}} = x^{\frac{1}{2}}$，于是 $f(\sqrt{x}) =$

$-2(\sqrt{x})^2$. 所以 $f(x) = -2x^2, f'(x) = -4x$. 选 A.

3. C.

解 由 $f(x)$ 连续，$\lim\limits_{x\to a} xf(x) = a\cdot f(a)$，则

$$\text{原式} = \lim_{x\to a}\dfrac{\left(x\displaystyle\int_a^x f(t)\mathrm{d}t\right)'}{(x-a)'} = \lim_{x\to a}\dfrac{\displaystyle\int_a^x f(t)\mathrm{d}t + xf(x)}{1} = af(a). \text{选 C.}$$

4. A,D.

解 令 $x=-t$，则 $\mathrm{d}x = -\mathrm{d}t$. 当 $x=a$ 时，$t=-a$；当 $x=-a$ 时，$t=a$. 所以

$$\int_{-a}^{a} f(x)\mathrm{d}x = -\int_a^{-a} f(-t)\mathrm{d}t = \int_{-a}^a f(-t)\mathrm{d}t = \int_{-a}^a f(-x)\mathrm{d}x, \text{A 正确.}$$

令 $x=a-t$，则 $\mathrm{d}x=-\mathrm{d}t$. 当 $x=a$ 时，$t=0$；当 $x=0$ 时，$t=a$. 所以

$$\int_0^a f(x)\mathrm{d}x = -\int_a^0 f(a-t)\mathrm{d}t = \int_0^a f(a-x)\mathrm{d}x, \text{D 正确.}$$

故选 A,D.

5. D.

解 $M = \displaystyle\int_{-\frac{\pi}{2}}^{\frac{\pi}{2}} \dfrac{\sin x}{1+x^2}\cos^4 x\,\mathrm{d}x = 0$,

$$N = \int_{-\frac{\pi}{2}}^{\frac{\pi}{2}} (\sin^3 x + \cos^4 x)\mathrm{d}x = \int_{-\frac{\pi}{2}}^{\frac{\pi}{2}}\sin^3 x\,\mathrm{d}x + \int_{-\frac{\pi}{2}}^{\frac{\pi}{2}}\cos^4 x\,\mathrm{d}x$$

$$= \int_{-\frac{\pi}{2}}^{\frac{\pi}{2}}\cos^4 x\,\mathrm{d}x = 2\int_0^{\frac{\pi}{2}}\cos^4 x\,\mathrm{d}x > 0,$$

$$P = \int_{-\frac{\pi}{2}}^{\frac{\pi}{2}} x^2\sin^3 x\,\mathrm{d}x - \int_{-\frac{\pi}{2}}^{\frac{\pi}{2}}\cos^4 x\,\mathrm{d}x = -2\int_0^{\frac{\pi}{2}}\cos^4 x\,\mathrm{d}x < 0,$$

所以 $P<M<N$. 选 D.

6. C.

解 据定积分中值定理，$g(t)$ 在 $[a,b]$ 上连续，$\displaystyle\int_a^x g(t)\mathrm{d}t = g(\xi)(x-a)$，至少存在一点 $\xi, a<\xi<b$. 由已知 $f(x)=\displaystyle\int_a^x g(t)\mathrm{d}t$，则 $f(x)=g(\xi)(x-a), a\leqslant x\leqslant b$，取 $x=b$，得到 $f(b)=g(\xi)(b-a)$. 选 C.

7. B.

解 当 $p=1$ 时，$\displaystyle\int_0^1 \dfrac{1}{x}\mathrm{d}x = [\ln x]_0^1 = \ln 1 - \lim_{x\to 0^+}\ln x = \infty$，发散；

当 $p\neq 1$ 时，$\displaystyle\int_0^1 \dfrac{1}{x^p}\mathrm{d}x = \int_0^1 x^{-p}\mathrm{d}x = \left[\dfrac{x^{-p+1}}{-p+1}\right]_0^1 = \dfrac{1}{-p+1} - \lim_{x\to 0^+}\dfrac{x^{-p+1}}{-p+1} = \dfrac{1}{-p+1} -$

$\dfrac{1}{-p+1}\lim\limits_{x\to 0^+} x^{-p+1}$.

当 $p>1$ 时，原式 $=\infty$；当 $p<1$ 时，原式 $=\dfrac{1}{-p+1}$. 所以 $p<1$ 时收敛，$p\geqslant 1$ 时发散. 选 B.

三、1. **解** 令 $\sqrt{2x+1}=t$ ，则 $x=\dfrac{t^2-1}{2}$ 且 $\mathrm{d}x=t\mathrm{d}t$. 当 $x=0$ 时， $t=1$ ；当 $x=4$ 时， $t=$ 3. 于是

$$原式=\int_1^3 \frac{\dfrac{t^2-1}{2}+2}{t}\cdot t\mathrm{d}t=\int_1^3 \frac{t^2+3}{2}\mathrm{d}t=\frac{1}{2}\left[\frac{t^3}{3}+3t\right]_1^3=\frac{22}{3}.$$

2. **解**
$$原式=\int_0^\pi \sqrt{\sin t(1-\sin^2 t)}\,\mathrm{d}t=\int_0^\pi \sqrt{\sin t}\mid \cos t\mid \mathrm{d}t$$
$$=\int_0^{\frac{\pi}{2}} \sqrt{\sin t}\cos t\,\mathrm{d}t+\int_{\frac{\pi}{2}}^\pi -\sqrt{\sin t}\cos t\,\mathrm{d}t$$
$$=\int_0^{\frac{\pi}{2}} \sqrt{\sin t}\,\mathrm{d}(\sin t)-\int_{\frac{\pi}{2}}^\pi \sqrt{\sin t}\,\mathrm{d}(\sin t)$$
$$=\left[\frac{2}{3}(\sin t)^{\frac{3}{2}}\right]_0^{\frac{\pi}{2}}-\left[\frac{2}{3}(\sin t)^{\frac{3}{2}}\right]_{\frac{\pi}{2}}^\pi=\frac{4}{3}.$$

3. **解**
$$原式=\int_{\frac{\pi}{4}}^{\frac{\pi}{3}} \frac{\ln\tan x}{2\sin x\cos x}\mathrm{d}x=\frac{1}{2}\int_{\frac{\pi}{4}}^{\frac{\pi}{3}} \frac{\ln\tan x}{\tan x\cdot\cos^2 x}\mathrm{d}x=\frac{1}{2}\int_{\frac{\pi}{4}}^{\frac{\pi}{3}} \frac{\ln\tan x}{\tan x}\mathrm{d}(\tan x)$$
$$=\frac{1}{2}\int_{\frac{\pi}{4}}^{\frac{\pi}{3}} \ln\tan x\,\mathrm{d}(\ln\tan x)=\frac{1}{4}\left[(\ln\tan x)^2\right]_{\frac{\pi}{4}}^{\frac{\pi}{3}}=\frac{1}{16}(\ln 3)^2.$$

4. **解**
$$原式=\int_0^{\frac{\pi}{2}} x\,\mathrm{d}(-\cos x)=\left[-x\cos x\right]_0^{\frac{\pi}{2}}+\int_0^{\frac{\pi}{2}} \cos x\,\mathrm{d}x=\left[\sin x\right]_0^{\frac{\pi}{2}}=1.$$

5. **解**
$$\int_0^{\frac{\pi}{2}} e^{2x}\cos x\,\mathrm{d}x=\int_0^{\frac{\pi}{2}} e^{2x}\,\mathrm{d}(\sin x)=\left[e^{2x}\sin x\right]_0^{\frac{\pi}{2}}-2\int_0^{\frac{\pi}{2}} \sin x\,e^{2x}\,\mathrm{d}x$$
$$=e^\pi+2\int_0^{\frac{\pi}{2}} e^{2x}\,\mathrm{d}(\cos x)=e^\pi+2\left[e^{2x}\cos x\right]_0^{\frac{\pi}{2}}-4\int_0^{\frac{\pi}{2}} e^{2x}\cos x\,\mathrm{d}x$$
$$=e^\pi+2(-1)-4\int_0^{\frac{\pi}{2}} e^{2x}\cos x\,\mathrm{d}x=e^\pi-2-4\int_0^{\frac{\pi}{2}} e^{2x}\cos x\,\mathrm{d}x,$$

移项得 $\int_0^{\frac{\pi}{2}} e^{2x}\cos x\,\mathrm{d}x=\dfrac{1}{5}e^\pi-\dfrac{2}{5}.$

6. **解** $\max\{2,x^2\}=\begin{cases} x^2, & x<-\sqrt{2}, \\ 2, & -\sqrt{2}\leqslant x\leqslant\sqrt{2}, \\ x^2, & x>\sqrt{2}, \end{cases}$ 于是

$$原式=\int_0^{\sqrt{2}} 2\mathrm{d}x+\int_{\sqrt{2}}^3 x^2\mathrm{d}x=2\sqrt{2}+\left[\frac{x^3}{3}\right]_{\sqrt{2}}^3=\frac{4\sqrt{2}}{3}+9.$$

四、**解**
$$f(t)=\int_0^1 \mid x-t\mid \mathrm{d}x=\int_0^t (t-x)\mathrm{d}x+\int_t^1 (x-t)\mathrm{d}x$$
$$=\left[tx-\frac{x^2}{2}\right]_0^t+\left[\frac{x^2}{2}-tx\right]_t^1$$
$$=\left(t^2-\frac{t^2}{2}\right)+\left(\frac{1}{2}-t\right)-\left(\frac{t^2}{2}-t^2\right)=t^2-t+\frac{1}{2},$$

故 $f'(t)=2t-1$. 令 $f'(t)=0$, 得到驻点 $t=\dfrac{1}{2}$.

当 $0<t<\dfrac{1}{2}$ 时, $f'(t)<0$, $f(t)$ 单调减少; 当 $\dfrac{1}{2}<t<1$ 时, $f'(t)>0$, $f(t)$ 单调增加. 于是 $f(t)$ 在 $\dfrac{1}{2}$ 处取得极小值, $f\left(\dfrac{1}{2}\right)=\dfrac{1}{4}$; $f(0)=f(1)=\dfrac{1}{2}$. 所以最大值 $f(0)=f(1)=\dfrac{1}{2}$, 最小值 $f\left(\dfrac{1}{2}\right)=\dfrac{1}{4}$.

五、证明　由定积分中值定理得, 存在 $\xi\in\left(\dfrac{2}{3},1\right)$, 使得 $3\displaystyle\int_{\frac{2}{3}}^{1}f(x)\mathrm{d}x=3f(\xi)\left(1-\dfrac{2}{3}\right)=f(\xi)$, 由于 $3\displaystyle\int_{\frac{2}{3}}^{1}f(x)\mathrm{d}x=f(0)$, 所以 $f(\xi)=f(0)$. 显然 $f(x)$ 在 $[0,\xi]$ 上连续, 在 $(0,\xi)$ 内可导, $f(\xi)=f(0)$, 由罗尔定理知, 存在一点 $c\in(0,\xi)\subset(0,1)$, 使得 $f'(c)=0$ 成立, 得证.

第 6 章　定积分的应用

习题 6-1

一、1. 解　如果一个量 U 满足

(1) U 是与一个变量 x 的变化区间 $[a,b]$ 有关的量;

(2) U 对于区间 $[a,b]$ 具有可加性, 就是说, 如果把区间 $[a,b]$ 分成许多部分区间, 则 U 相应地分成许多部分量, 而 U 等于所有部分量之和;

(3) 部分量 ΔU_i 的近似值可表示为 $f(\xi_i)\Delta x_i$;

那么就可考虑用定积分来表达这个量.

2. 解　(1) 根据问题的具体情况, 选取一个变量例如 x 为积分变量, 并确定它的变化区间 $[a,b]$;

(2) 设想把区间 $[a,b]$ 分成 n 个小区间, 取其中任一小区间并记作 $[x,x+\mathrm{d}x]$, 求出相应于这个小区间的部分量 ΔU 的近似值. 如果 ΔU 能近似地表示为 $[a,b]$ 上的一个连续函数在 x 处的值 $f(x)$ 与 $\mathrm{d}x$ 的乘积, 就把 $f(x)\mathrm{d}x$ 称为量 U 的元素且记作 $\mathrm{d}U$, 即 $\mathrm{d}U=f(x)\mathrm{d}x$;

(3) 以所求量 U 的元素 $f(x)\mathrm{d}x$ 为被积表达式, 在区间 $[a,b]$ 上作定积分, 得 $U=\displaystyle\int_{a}^{b}f(x)\mathrm{d}x$. 这就是所求量 U 的积分表达式.

3. 略.

二、1. $\dfrac{3}{2}-\ln 2$.

解　取 x 为积分变量, 则 x 的变化范围为 $[1,2]$, 相应于 $[1,2]$ 上的任一小区间 $[x,x+\mathrm{d}x]$ 的窄条面积近似于高为 $x-\dfrac{1}{x}$, 底为 $\mathrm{d}x$ 的窄矩形的面积, 因此有

$$A = \int_1^2 \left(x - \frac{1}{x} \right) dx = \left[\frac{1}{2} x^2 - \ln x \right]_1^2 = \frac{3}{2} - \ln 2.$$

2. $b - a$.

解 取 y 为积分变量,则 y 的变化范围为 $[\ln a, \ln b]$,相应于 $[\ln a, \ln b]$ 上的任一小区间 $[y, y+dy]$ 的窄条面积近似于高为 dy,宽为 e^y 的窄矩形的面积,因此有 $A = \int_{\ln a}^{\ln b} e^y dy = [e^y]_{\ln a}^{\ln b} = b - a$.

3. $\frac{9}{2}$.

解 取 y 为积分变量,则 y 的变化范围为 $[-2, 1]$,相应于 $[-2, 1]$ 上的任一小区间 $[y, y+dy]$ 的窄条面积近似于高为 dy,宽为 $(1-y^2)-(y-1)$ 的窄矩形的面积,因此有

$$S = \int_{-2}^1 [(1-y^2)-(y-1)] dy = \left[2y - \frac{1}{2} y^2 - \frac{1}{3} y^3 \right]_{-2}^1 = \frac{9}{2}.$$

4. $a^2 \pi$.

解 $A = \int_{-\frac{\pi}{2}}^{\frac{\pi}{2}} \frac{1}{2} (2a\cos\theta)^2 d\theta = 4a^2 \int_0^{\frac{\pi}{2}} \cos^2\theta \, d\theta = \pi a^2.$

5. $3\pi a^2$.

解 以 x 为积分变量,则 x 的变化范围为 $[0, 2\pi a]$,摆线上的点为 (x, y),则所求面积为 $A = \int_0^{2\pi a} y dx$,再根据参数方程换元,令 $x = a(t-\sin t)$,则 $y = a(1-\cos t)$,因此有

$$A = \int_0^{2\pi} a^2 (1-\cos t)^2 dt = a^2 \int_0^{2\pi} (1-2\cos t + \cos^2 t) dt = 4a^2 \int_0^{\frac{\pi}{2}} (1+\cos^2 t) dt = 3\pi a^2.$$

6. $\frac{37}{12}$.

解 曲线 $y = -x^3 + x^2 + 2x = -x(x+1)(x-2)$ 与 x 轴即 $y = 0$ 的交点为 $(-1, 0)$, $(0, 0)$, $(2, 0)$. 所求面积为 $A = \int_{-1}^0 -(-x^3 + x^2 + 2x) dx + \int_0^2 (-x^3 + x^2 + 2x) dx = \frac{37}{12}$.

三、1. **解** 由题意得 $y' = -2x + 4$, $y'|_{x=0} = 4$,则在点 $(0, -3)$ 处切线为 $y = 4x - 3$; $y'|_{x=3} = -2$,则在点 $(3, 0)$ 处切线为 $y = -2x + 6$. 两切线交点为 $\left(\frac{3}{2}, 3 \right)$,则面积为

$$S = \int_0^{\frac{3}{2}} [4x - 3 - (-x^2 + 4x - 3)] dx + \int_{\frac{3}{2}}^3 [-2x + 6 - (-x^2 + 4x - 3)] dx = \frac{9}{4}.$$

2. **解** 由题意得,$y = \sqrt{2px}$ 在点 $\left(\frac{p}{2}, p \right)$ 处的法线方程为 $y = -x + \frac{3}{2} p$,由

$$\begin{cases} y = -x + \frac{3}{2} p, \\ y^2 = 2px \end{cases}$$ 得交点 $\left(\frac{p}{2}, p \right)$, $\left(\frac{9p}{2}, -3p \right)$. 故面积为

$$A = \int_{-3p}^p \left(-y + \frac{3}{2} p - \frac{y^2}{2p} \right) dy = \left[-\frac{1}{2} y^2 + \frac{3}{2} py - \frac{1}{6p} y^3 \right]_{-3p}^p = \frac{16}{3} p^2.$$

3. 解 设 A 点坐标为 (a,a^2), 则过 A 的切线方程斜率为 $y'|_{x=a}=2a$, 切线方程为 $y-a^2=2a(x-a)$, 即 $y=2ax-a^2$. 令 $y=0$ 得 $x=\dfrac{a}{2}$, 则有

$$S=\int_0^a x^2\,\mathrm{d}x-\frac{a^3}{4}=\frac{a^3}{3}-\frac{a^3}{4}=\frac{a^3}{12}=\frac{1}{12}.$$

故 $a=1$, 切点为 $A(1,1)$, 切线方程为 $y=2x-1$.

习题 6-2(Ⅰ)

一、1. 解 由题意得, 绕 x 轴旋转所得体积 $V_1=\displaystyle\int_0^1\pi x^2\,\mathrm{d}x-\int_0^1\pi(x^2)^2\,\mathrm{d}x=\frac{2}{15}\pi$;

绕 y 轴旋转所得体积 $V_2=\displaystyle\int_0^1\pi(\sqrt{y})^2\,\mathrm{d}y-\int_0^1\pi y^2\,\mathrm{d}y=\frac{1}{6}\pi$.

2. 解 由题意得, 绕 y 轴旋转所得体积

$$V=\int_1^{+\infty}\pi\left(\frac{4}{y}\right)^2\mathrm{d}y=16\pi\int_1^{+\infty}y^{-2}\,\mathrm{d}y=-16\pi y^{-1}\Big|_1^{+\infty}=-16\pi(0-1)=16\pi.$$

3. 解 该立体为由曲线 $y=5+\sqrt{16-x^2}$ 和直线 $x=-4,x=4,y=0$ 所围成图形绕 x 轴旋转所得立体减去曲线 $y=5-\sqrt{16-x^2}$ 和直线 $x=-4,x=4,y=0$ 所围成图形绕 x 轴旋转所得立体, 因此体积为

$$V=\int_{-4}^4\pi(5+\sqrt{16-x^2})^2\,\mathrm{d}x-\int_{-4}^4\pi(5-\sqrt{16-x^2})^2\,\mathrm{d}x=\int_{-4}^4 20\pi\sqrt{16-x^2}\,\mathrm{d}x=160\pi^2$$

(据定积分几何意义 $\displaystyle\int_{-4}^4\sqrt{16-x^2}\,\mathrm{d}x=$ 半径为 4 的圆面积的一半 $=8\pi$).

4. 解 所求体积为

$$V=\int_0^4 A(y)\,\mathrm{d}y=\int_0^4\pi[3+x(y)]^2\,\mathrm{d}y-\int_0^4\pi[3-x(y)]^2\,\mathrm{d}y$$

$$=\int_0^4\pi(3+\sqrt{4-y})^2\,\mathrm{d}y-\int_0^4\pi(3-\sqrt{4-y})^2\,\mathrm{d}y=12\pi\int_0^4\sqrt{4-y}\,\mathrm{d}y=12\pi\times\frac{16}{3}$$

$$=64\pi.$$

二、1. 解 由题意得 $\dfrac{1}{2}(b+a+b)=A$, 则 $a=2A-2b$; 设图形绕 x 轴旋转所得的旋转体体积 V, 则

$$V=\int_0^1\pi(ax+b)^2\,\mathrm{d}x=\pi\left(\frac{a^2}{3}+ab+b^2\right)=\pi\left(\frac{4}{3}A^2-\frac{2}{3}Ab+\frac{b^2}{3}\right).$$

若令 $V'=\pi\left(-\dfrac{2}{3}A+\dfrac{2}{3}b\right)=0$, 可得 $b=A,a=0$.

当 $b=A$ 时, $V''=\dfrac{2}{3}\pi>0$, V 有极小值. 即当 $b=A,a=0$ 时, 绕 x 轴旋转所得的旋转体积最小为 $V_{\min}=\pi A^2$.

2. 解 由题意得 $\begin{cases}y=ax^2,\\ y=1-x^2,\end{cases}$ 解得 $\begin{cases}x=\dfrac{1}{\sqrt{a+1}},\\ y=\dfrac{a}{a+1},\end{cases}$ 故 A 点坐标为 $\left(\dfrac{1}{\sqrt{a+1}},\dfrac{a}{a+1}\right)$, 则过坐

标原点 O 及点 A 的直线为 $y = \dfrac{a}{\sqrt{a+1}} x$,设图形绕 x 轴一周所得的旋转体体积为 V,则

$$V = \int_0^{\frac{1}{\sqrt{a+1}}} \pi \left[\left(\frac{a}{\sqrt{a+1}} x \right)^2 - (ax^2)^2 \right] \mathrm{d}x = \pi \int_0^{\frac{1}{\sqrt{a+1}}} \left[\frac{a^2}{a+1} x^2 - a^2 x^4 \right] \mathrm{d}x$$

$$= \frac{2}{15} \pi \frac{a^2}{(a+1)^2 \sqrt{a+1}}.$$

若令 $V' = \dfrac{2}{15} \pi \dfrac{2a(a+1)^{\frac{5}{2}} - \frac{5}{2} a^2 (a+1)^{\frac{3}{2}}}{(a+1)^5} = -\dfrac{\pi}{15} \dfrac{a^2 - 4a}{(a+1)^{\frac{7}{2}}} = 0$,可得 $a = 4$;又当 $a = 4$ 时,

$$V'' = -\frac{\pi}{15} \frac{(2a-4)(a+1)^{\frac{7}{2}} - (a^2 - 4a) \frac{7}{2} (a+1)^{\frac{5}{2}}}{(a+1)^7} < 0,$$

所以 V 有极大值. 即当 $a = 4$ 时,图形绕 x 轴旋转所得的旋转体体积最大为 $V_{\max} = \dfrac{32\sqrt{5}\,\pi}{1875}$.

习题 6-2(Ⅱ)

一、1. $\sqrt{1 + y'^2}\, \mathrm{d}x$,$\sqrt{\rho^2(\theta) + \rho'^2(\theta)}\, \mathrm{d}\theta$,$\sqrt{\phi'^2(t) + \psi'^2(t)}\, \mathrm{d}t$.

2. $\dfrac{2\sqrt{5} + \ln(2+\sqrt{5})}{4}$,曲线 $y = x^2$ 在区间 $[0,1]$ 上的弧长,$<$.

解 $\displaystyle\int_0^1 \sqrt{1 + 4x^2}\, \mathrm{d}x = \int_0^1 \sqrt{1 + y'^2}\, \mathrm{d}x$,此时 $y = x^2$,$y' = 2x$,$y'^2 = 4x^2$. 因此 $\displaystyle\int_0^1 \sqrt{1 + 4x^2}\, \mathrm{d}x$ 表示曲线 $y = x^2$ 在区间 $[0,1]$ 上的弧长.

令

$$I(x) = \int \sqrt{1 + 4x^2}\, \mathrm{d}x = x\sqrt{1 + 4x^2} - \int x \,\mathrm{d}\sqrt{1 + 4x^2}$$

$$= x\sqrt{1 + 4x^2} - \int \frac{4x^2}{\sqrt{1 + 4x^2}}\, \mathrm{d}x$$

$$= x\sqrt{1 + 4x^2} - \int \frac{4x^2 + 1}{\sqrt{1 + 4x^2}}\, \mathrm{d}x + \int \frac{1}{\sqrt{1 + 4x^2}}\, \mathrm{d}x$$

$$= x\sqrt{1 + 4x^2} - I + \int \frac{1}{\sqrt{1 + 4x^2}}\, \mathrm{d}x,$$

所以

$$I(x) = \frac{1}{2} x\sqrt{1 + 4x^2} + \frac{1}{4} \ln \left| \sqrt{1 + 4x^2} + 2x \right| + c,$$

$$\int_0^1 \sqrt{1 + 4x^2}\, \mathrm{d}x = I(1) - I(0) = \frac{\sqrt{5}}{2} + \frac{\ln(\sqrt{5} + 2)}{4} = \frac{2\sqrt{5} + \ln(2 + \sqrt{5})}{4}.$$

二、1. **解** 设摆线第一拱弧长为 s,则

$$s = \int_0^{2\pi} \sqrt{\left(\frac{\mathrm{d}x}{\mathrm{d}t} \right)^2 + \left(\frac{\mathrm{d}y}{\mathrm{d}t} \right)^2}\, \mathrm{d}t = \int_0^{2\pi} \sqrt{a^2 (1 - \cos t)^2 + a^2 \sin^2 t}\, \mathrm{d}t$$

$$=\int_0^{2\pi} a\sqrt{2(1-\cos t)}\,\mathrm{d}t=\int_0^{2\pi}2a\sin\frac{t}{2}\,\mathrm{d}t=8a.$$

设分摆线第一拱为 1：3 的点的坐标对应的参数为 t_0，则 $\int_0^{t_0}2a\sin\frac{t}{2}\mathrm{d}t=2a$，即

$2a\left[-2\cos\frac{t}{2}\right]_0^{t_0}=2a$，故 $t_0=\frac{2}{3}\pi$；代入可得分摆线第一拱为 1：3 的点的坐标为

$\left(a\left(\frac{2}{3}\pi-\frac{\sqrt{3}}{2}\right),\frac{3}{2}a\right)$.

2. **解** 由题意得，心形线 $\rho=a(1+\cos\theta)$ 的全长为

$$s=\int_0^{2\pi}\sqrt{\rho^2(\theta)+\rho'^2(\theta)}\,\mathrm{d}\theta=\sqrt{2}a\int_0^{2\pi}\sqrt{1+\cos\theta}\,\mathrm{d}\theta$$

$$=\sqrt{2}a\int_0^{2\pi}\sqrt{1+2\cos^2\frac{\theta}{2}-1}\,\mathrm{d}\theta=2a\int_0^{2\pi}\left|\cos\frac{\theta}{2}\right|\mathrm{d}\theta$$

$$=2a\int_0^{\pi}\cos\frac{\theta}{2}\,\mathrm{d}\theta-2a\int_\pi^{2\pi}\cos\frac{\theta}{2}\,\mathrm{d}\theta$$

$$=4a\int_0^{\pi}\cos\frac{\theta}{2}\,\mathrm{d}\left(\frac{\theta}{2}\right)-4a\int_\pi^{2\pi}\cos\frac{\theta}{2}\,\mathrm{d}\left(\frac{\theta}{2}\right)$$

$$=4a\left[\sin\frac{\theta}{2}\right]_0^{\pi}-4a\left[\sin\frac{\theta}{2}\right]_\pi^{2\pi}=8a.$$

3. **解** 由题意得，对数螺线 $\rho=\mathrm{e}^{a\theta}$ 相应于 θ 从 0 到 2π 的一段弧的弧长为

$$S=\int_0^{2\pi}\sqrt{\rho^2(\theta)+\rho'^2(\theta)}\,\mathrm{d}\theta=\int_0^{2\pi}\mathrm{e}^{a\theta}\sqrt{1+a^2}\,\mathrm{d}\theta$$

$$=\frac{\sqrt{1+a^2}}{a}\int_0^{2\pi}\mathrm{e}^{a\theta}\,\mathrm{d}(a\theta)=\frac{\sqrt{1+a^2}}{a}(\mathrm{e}^{2a\pi}-1).$$

4. **解** 由题意得，设星形线的全长为 S，则

$$S=4\int_0^{\frac{\pi}{2}}\sqrt{\left(\frac{\mathrm{d}x}{\mathrm{d}t}\right)^2+\left(\frac{\mathrm{d}y}{\mathrm{d}t}\right)^2}\,\mathrm{d}t=4\int_0^{\frac{\pi}{2}}\sqrt{(-3a\cos^2t\sin t)^2+(3a\sin^2t\cos t)^2}\,\mathrm{d}t$$

$$=12a\int_0^{\frac{\pi}{2}}\sin t\cos t\,\mathrm{d}t=12a\int_0^{\frac{\pi}{2}}\sin t\,\mathrm{d}\sin t=\left[12a\frac{\sin^2t}{2}\right]_0^{\frac{\pi}{2}}=6a.$$

5. **分析** 曲线方程是由积分上限函数所表示的直角坐标系下的形式，因此本题是求平面曲线的弧长与积分上限函数求导的综合题.

解 由 $\cos t\geqslant0$，故 $-\frac{\pi}{2}\leqslant t\leqslant\frac{\pi}{2}$，即要求 $-\frac{\pi}{2}\leqslant x\leqslant\frac{\pi}{2}$. 曲线全长为

$$s=\int_{-\frac{\pi}{2}}^{\frac{\pi}{2}}\sqrt{1+y'^2(x)}\,\mathrm{d}x=2\int_0^{\frac{\pi}{2}}\sqrt{1+(\sqrt{\cos x})^2}\,\mathrm{d}x=2\int_0^{\frac{\pi}{2}}\sqrt{1+\cos x}\,\mathrm{d}x$$

$$=2\sqrt{2}\int_0^{\frac{\pi}{2}}\cos\frac{x}{2}\,\mathrm{d}x=\left[4\sqrt{2}\sin\frac{x}{2}\right]_0^{\frac{\pi}{2}}=4.$$

习题 6-3

1. **解** 速度为 $v = \dfrac{\mathrm{d}x}{\mathrm{d}t} = 3ct^2$，阻力为 $R = kv^2 = 9kc^2t^4$，由此得到 $\mathrm{d}W = R\,\mathrm{d}x =$

$27kc^3t^6\,\mathrm{d}t$. 设当 $t = T$ 时，$x = a$，得 $T = \left(\dfrac{a}{c}\right)^{\frac{1}{3}}$，故 $W = \displaystyle\int_0^T 27kc^3t^6\,\mathrm{d}t = \dfrac{27kc^3}{7}T^7 = \dfrac{27}{7}kc^{\frac{2}{3}}a^{\frac{7}{3}}$.

2. **解** 以高度 h 为积分变量，变化范围为 $[0,15]$，对该区间内任一小区间 $[h, h+\mathrm{d}h]$，

体积为 $\pi\left(\dfrac{10}{15}h\right)^2\mathrm{d}h$，记 γ 为水的密度，则做功为 $W = \displaystyle\int_0^{15} \dfrac{4}{9}\pi\gamma gh^2(15-h)\,\mathrm{d}h = 1875\pi\gamma g \approx$

5.76975×10^7 J.

3. **解** 如图所示，建立坐标系，过 A,B 两点的直线方程为

$y = 10x - 50$，取 y 为积分变量，y 的变化范围为 $[-20,0]$，对应

小区间 $[y, y+\mathrm{d}y]$ 的面积近似值为 $2x\,\mathrm{d}y = \left(\dfrac{y}{5}+10\right)\mathrm{d}y$，$\gamma$ 表示

水的密度，因此水的压力为 $P = \displaystyle\int_{-20}^0 \left(\dfrac{y}{5}+10\right)(-y)\gamma g\,\mathrm{d}y =$

1.4373×10^7 N.

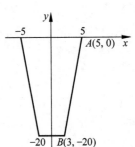

第 7 章 微分方程

习题 7-1、习题 7-2

一、1. $\dfrac{\mathrm{d}y}{\mathrm{d}x} = f(x)\varphi(y)$.

2. $y = \mathrm{e}^{cx}$.

解 分离变量得 $\dfrac{\mathrm{d}y}{y\ln y} = \dfrac{1}{x}\mathrm{d}x$，两边积分得 $\displaystyle\int \dfrac{\mathrm{d}y}{y\ln y} = \int \dfrac{1}{x}\mathrm{d}x$，左边凑微分得到 $\displaystyle\int \dfrac{\mathrm{d}\ln y}{\ln y} =$

$\displaystyle\int \dfrac{1}{x}\mathrm{d}x$，解得 $\ln\ln y = \ln cx$，整理得 $y = \mathrm{e}^{cx}$.

3. $-\mathrm{e}^{-y} = \dfrac{1}{2}\mathrm{e}^{2x+1} + c$.

解 分离变量得 $\mathrm{e}^{-y}\mathrm{d}y = \mathrm{e}^{2x+1}\mathrm{d}x$，两边积分得 $\displaystyle\int \mathrm{e}^{-y}\mathrm{d}y = \int \mathrm{e}^{2x+1}\mathrm{d}x$，解得 $-\mathrm{e}^{-y} = \dfrac{1}{2}\mathrm{e}^{2x+1} + c$.

二、1. C.

解 二阶微分方程通解中应有两个相互独立的常数，故选 C.

2. B.

解 由微分方程阶数的定义很容易得到答案.

三、1. **解** $y' = \dfrac{1}{2}(x^3 - \sin x)$，两边积分得 $y = \dfrac{1}{8}x^4 + \dfrac{1}{2}\cos x + c$.

2. **解** $\dfrac{\mathrm{d}y}{\mathrm{d}x} = \dfrac{-\sin^2 y}{x(1-x)}$，分离变量 $\csc^2 y\,\mathrm{d}y = \dfrac{1}{x(x-1)}\mathrm{d}x$，两边积分得 $-\cot y = \ln|x-1| -$

$\ln|x|+c$.

3. 解 $\dfrac{\mathrm{d}y}{\mathrm{d}x}=\dfrac{-\mathrm{e}^x\cos y}{(1+\mathrm{e}^x)\sin y}$，分离变量 $\dfrac{\sin y}{\cos y}\mathrm{d}y=\dfrac{-\mathrm{e}^x}{1+\mathrm{e}^x}\mathrm{d}x$，两边积分得 $\ln|\cos y|=$

$\ln(1+\mathrm{e}^x)+C$，代入初始条件 $y(0)=\dfrac{\pi}{4}$，得到 $C=\ln\dfrac{\sqrt{2}}{4}$，所以方程的特解为 $\ln|\cos y|=$

$\ln(1+\mathrm{e}^x)+\ln\dfrac{\sqrt{2}}{4}$.

4. 解 $\dfrac{1+y^2}{y}\mathrm{d}y=-\dfrac{1+x^2}{x}\mathrm{d}x$ 积分得 $\ln|y|+\dfrac{1}{2}y^2=-\ln|x|-\dfrac{1}{2}x^2+c$，故方程的通

解为 $xy=c\mathrm{e}^{-\frac{1}{2}(x^2+y^2)}$.

5. 解 方程分离变量得 $\dfrac{\mathrm{d}y}{y^2}=-\dfrac{1}{x+1}\mathrm{d}x$，两边积分得 $-\dfrac{1}{y}=-\ln|x+1|+\ln c$，故

方程的通解为 $y=\dfrac{1}{\ln|c|(x+1)|}$. 代入初始条件 $y(0)=1$ 得 $c=\mathrm{e}$，故方程的特解为

$y=\dfrac{1}{1+\ln|(x+1)|}$.

6. 解 原方程为 $\dfrac{\mathrm{d}y}{\tan y}=\dfrac{\mathrm{d}x}{\cot x}$，两边积分得 $\ln|\sin y|=-\ln|\cos x|+\ln c$，故方程的通解

为 $\sin y=\dfrac{c}{\cos x}$，另外 $y=0$ 也是原方程的解. 而当 $c=0$ 时，$y=0$，所以原方程的通解为

$\sin y\cos x=c$.

四、证明 对原式两端求导有 $f(x)=f'(x)$，即 $\dfrac{\mathrm{d}f}{\mathrm{d}x}=f$，解得此方程有 $\ln f=x+c_1$，从

而 $f(x)=c\mathrm{e}^x$，而 $f(0)=1$，所以 $c=1$. 因此 $f(x)\equiv\mathrm{e}^x$.

五、解 设水温为 $x(t)$ 度，根据题意可列方程

$$\dfrac{\mathrm{d}x}{\mathrm{d}t}=-k(x-20),x(24)=50,x(0)=100.$$

解方程得 $x(t)=20+c\mathrm{e}^{-kt}$，将已知条件 $x(24)=50,x(0)=100$ 代入得到 $c=80,k=$

$\dfrac{1}{24}\ln\dfrac{8}{3}$，所以 $x(12)=20+80\sqrt{\dfrac{3}{8}}$.

六、解 $F=ma=m\dfrac{\mathrm{d}v}{\mathrm{d}t}$，又 $F=k_1v$，由此 $m\dfrac{\mathrm{d}v}{\mathrm{d}t}=k_1v$，即 $\dfrac{\mathrm{d}v}{\mathrm{d}t}=kv$，其中 $k=\dfrac{k_1}{m}$，解得

$\ln|v|=kt+c$.

又 $t=0$ 时，$v=5$；$t=20$ 时，$v=3$. 故得 $k=\dfrac{1}{20}\ln\dfrac{3}{5}$，$c=\ln 5$，从而方程可化为 $v=5\left(\dfrac{3}{5}\right)^{\frac{t}{20}}$.

当 $t=2\times60=120$ 时，有 $v(120)=5\times\left(\dfrac{3}{5}\right)^{\frac{120}{20}}=0.23328\mathrm{m/s}$，即为所求的确定发动机停

止 2min 后艇的速度.

习题 7-3

一、1. A.　2. C.

二、1. **解** 令 $u=\dfrac{y}{x}$,则方程化为 $u\,\mathrm{d}u=\dfrac{2}{x}\mathrm{d}x$,两端积分有 $\dfrac{1}{2}u^2=2\ln|x|+c$,即 $\dfrac{1}{2}\left(\dfrac{y}{x}\right)^2=$ $2\ln|x|+c$.

2. **解** 方程化为 $\dfrac{\mathrm{d}y}{\mathrm{d}x}=\dfrac{x}{y}-\dfrac{y}{x}$,令 $u=\dfrac{y}{x}$,则有 $\dfrac{u}{1-2u^2}\mathrm{d}u=\dfrac{1}{x}\mathrm{d}x$,两端积分有 $\ln|1-2u^2|=$ $-4\ln|x|+c_0$,即 $x^2(x^2-2y^2)=c$.

3. **解** $\dfrac{\mathrm{d}x}{\mathrm{d}y}=\dfrac{x}{y}+\sqrt{\dfrac{x^2}{y^2}+1}$,令 $u=\dfrac{x}{y}$,则原式化为 $u+y\dfrac{\mathrm{d}u}{\mathrm{d}y}=u+\sqrt{u^2+1}$,积分有 $\ln(u+\sqrt{1+u^2})=\ln y+c_0$,即 $x+\sqrt{x^2+y^2}=cy^2$.

4. **解** 方程可化为 $\dfrac{\mathrm{d}y}{\mathrm{d}x}=-\dfrac{x^2}{y^2}-\dfrac{y}{x}$,令 $u=\dfrac{y}{x}$,则有 $\dfrac{u^2}{1+2u^3}\mathrm{d}u=-\dfrac{1}{x}\mathrm{d}x$,积分有

$$\frac{1}{6}\ln|1+2u^3|=-\ln|x|+c_0,$$

即 $(1+2u^3)^{\frac{1}{6}}=\dfrac{c}{x}$.

5. **解** 方程可化为 $\dfrac{\mathrm{d}y}{\mathrm{d}x}=\sqrt{\dfrac{y}{x}}+\dfrac{y}{x}$,令 $u=\dfrac{y}{x}$,则原式为 $u^{-\frac{1}{2}}\mathrm{d}u=\dfrac{1}{x}\mathrm{d}x$,积分有 $2\sqrt{u}=$ $\ln|x|+c$,即 $2\sqrt{\dfrac{y}{x}}=\ln|x|+c$.

6. **解** 令 $\dfrac{y}{x}=u$,即 $y=ux$,则 $\dfrac{\mathrm{d}y}{\mathrm{d}x}=u+x\dfrac{\mathrm{d}u}{\mathrm{d}x}$,$\dfrac{\mathrm{d}u}{\mathrm{d}x}=\dfrac{\sqrt{x^2(1-u^2)}}{x}$,分离变量得 $\dfrac{1}{\sqrt{1-u^2}}\mathrm{d}u=$ $\mathrm{sgn}x\cdot\dfrac{1}{x}\mathrm{d}x$,解得 $\arcsin u=\mathrm{sgn}x\cdot\ln|x|+c$,即 $\arcsin\dfrac{y}{x}=\mathrm{sgn}x\cdot\ln|x|+c$.

三、**解** 设曲线方程为 $y=f(x)$,则依题意有 $\sqrt{x^2+y^2}=x-\dfrac{y}{y'}$,整理有 $\dfrac{\mathrm{d}x}{\mathrm{d}y}=\dfrac{x}{y}-$ $\sqrt{1+\left(\dfrac{x}{y}\right)^2}$.此为齐次方程,令 $u=\dfrac{x}{y}$,解得 $\ln(u+\sqrt{1+u^2})=-\ln y+c$,即 $x+\sqrt{x^2+y^2}=c$.

*四、**解** 令 $\dfrac{y^2}{x}=u$,即 $y^2=ux$,则 $2yy'=u+x\dfrac{\mathrm{d}u}{\mathrm{d}x}$,代入 $y'=\dfrac{y}{2x}+\dfrac{1}{2y}\tan\dfrac{y^2}{x}$ 得到 $x\dfrac{\mathrm{d}u}{\mathrm{d}x}=$ $\tan u$,分离变量有 $\dfrac{\cos u}{\sin u}\mathrm{d}u=\dfrac{1}{x}\mathrm{d}x$,解得 $\ln|\sin u|=\ln|x|+\ln|c|=\ln|cx|$,所以 $\sin u=$ $\pm cx$,即 $\sin\dfrac{y^2}{x}=\pm cx$.

习题 7-4

一、1. B.   2. A.

二、1. **解** 由题知 $P(x)=-\sin x$,$Q(x)=\mathrm{e}^{-\cos x}$,代入公式
$$y=\mathrm{e}^{-\int P(x)\mathrm{d}x}\left(\int Q(x)\mathrm{e}^{\int P(x)\mathrm{d}x}\mathrm{d}x+c\right),$$
得 $y=\mathrm{e}^{-\cos x}(x+c)$.

2. **解** $P(x)=-3$,$Q(x)=\mathrm{e}^{2x}$,代入公式 $y=\mathrm{e}^{-\int P(x)\mathrm{d}x}\left(\int Q(x)\mathrm{e}^{\int P(x)\mathrm{d}x}\mathrm{d}x+c\right)$,得

$y=-\mathrm{e}^{2x}+c\mathrm{e}^{3x}$，代入初始条件 $y(0)=0$ 得 $c=1$，故方程的特解为 $y=-\mathrm{e}^{2x}+\mathrm{e}^{3x}$.

3. **解**　方程整理为 $y'-\dfrac{2}{x}y=x^4$，此为一阶线性方程，利用公式解得 $y=$

$x^2\left(\dfrac{1}{3}x^3+c\right)$，满足初值条件 $y(1)=1$ 的 $c=\dfrac{2}{3}$，即 $y=\dfrac{1}{3}x^5+\dfrac{2}{3}x^2$.

4. **解**　方程可整理为 $\dfrac{\mathrm{d}x}{\mathrm{d}y}+x=2y\mathrm{e}^{-y}$，$P(y)=1$，$Q(y)=2y\mathrm{e}^{-y}$，代入公式有 $x=$

$\mathrm{e}^{-y}(y^2+c)$，代入初始条件 $y(2)=0$ 得 $c=2$，即 $x=\mathrm{e}^{-y}(y^2+2)$.

5. **解**　方程整理为 $-\dfrac{1}{y^2}y'+\dfrac{1}{y}=x^2+x+1$，令 $z=\dfrac{1}{y}$，则方程化为 $\dfrac{\mathrm{d}z}{\mathrm{d}x}+z=x^2+x+$

1，此为一阶线性方程，解得 $z=x^2-x+2+c\mathrm{e}^{-x}$，当 $y(0)=1$ 时 $z=1$，进而有 $c=-1$，即

$\dfrac{1}{y}=x^2-x+2-\mathrm{e}^{-x}$.

6. **解**　方程整理为 $\dfrac{1}{y^2}y'+\dfrac{1}{x}\dfrac{1}{y}=x\ln x$，令 $z=-\dfrac{1}{y}$，则方程化为 $\dfrac{\mathrm{d}z}{\mathrm{d}x}-\dfrac{1}{x}z=x\ln x$，此为

一阶线性方程，解得 $z=x^2(\ln x-1)+cx$. 当 $y(1)=0.5$ 时，得到 $c=-1$，故方程的特解为

$\dfrac{1}{y}=x^2(1-\ln x)+x$.

三、**解**　令 $u=f(y)$，方程化为 $\dfrac{\mathrm{d}u}{\mathrm{d}x}+P(x)u=Q(x)$，解得

$$u=\mathrm{e}^{-\int P(x)\mathrm{d}x}\left(\int Q(x)\mathrm{e}^{\int P(x)\mathrm{d}x}\,\mathrm{d}x+c\right)=f(y).$$

四、**解**　质点的运动方程为 $m\left(-\dfrac{\mathrm{d}v}{\mathrm{d}t}\right)=mg+kv^2$，$v\big|_{t=0}=v_0$，整理方程为 $\dfrac{1}{g+k\dfrac{v^2}{m}}\mathrm{d}v=$

$-\mathrm{d}t$，解得 $\sqrt{\dfrac{m}{kg}}\arctan\left(\sqrt{\dfrac{k}{mg}}v\right)=-t+c$，满足条件的 $c=\sqrt{\dfrac{m}{kg}}\arctan\left(\sqrt{\dfrac{k}{mg}}v_0\right)$. 当 $v=0$ 时，

$t=\sqrt{\dfrac{m}{kg}}\arctan\left(\sqrt{\dfrac{k}{mg}}v_0\right)$.

* 习题 7-5

一、1. **解**　对方程接连积分三次得到

$$y''=x^2-x\ln x+2x+c_1,\qquad y'=\dfrac{1}{3}x^3-\dfrac{1}{2}x^2\ln x+\dfrac{5}{4}x^2+c_1x+c_2,$$

$$y=\dfrac{1}{12}x^4-\dfrac{1}{6}x^3\ln x+\dfrac{17}{36}x^3+\dfrac{c_1}{2}x^2+c_2x+c_3.$$

2. **解**　令 $y'=P$，则 $y''=P'$，故 $P'+P=x$. 这是一阶线性微分方程，由通解公式可得

$y'=P=c\mathrm{e}^{-x}+x-1$，积分得 $y=-c\mathrm{e}^{-x}+\dfrac{1}{2}x^2-x+c_1$.

3. **解**　令 $y'=P$，则 $y''=P'$，则原方程化为 $xP'-P=0$，即 $P'-\dfrac{1}{x}P=0$. 由一阶线性

齐次方程的通解公式,可得 $P = c_1 e^{\int \frac{1}{x} dx} = c_1 x$,即 $y' = c_1 x$,积分得 $y = c_1 x^2 + c_2$.

4. 解 令 $y' = P$,则 $y'' = P'$,原方程变为 $P' + \frac{2}{x} P = 0$.分离变量后,解得 $P = \frac{c_1}{x^2}$,即

$\frac{dy}{dx} = \frac{c_1}{x^2}$,再积分一次,得所给方程的通解为 $y = c_2 - \frac{c_1}{x}$.

5. 解 令 $y' = P$,则 $y'' = P'$,原方程变为 $P' - P = x$,这是一阶线性方程,其通解为

$$P = e^{\int dx} \left(\int x e^{-\int dx} dx + c_1 \right) = e^x \left(\int x e^{-x} dx + c_1 \right) = c_1 e^x - x - 1,$$

即 $y' = c_1 e^x - x - 1$.由条件 $y'|_{x=0} = 0$ 得 $c_1 = 1$,则 $y' = e^x - x - 1$.再积分一次得

$$y = e^x - \frac{1}{2} x^2 - x + c_2.$$

由条件 $y|_{x=0} = 0$ 得 $c_2 = -1$,故所求的特解为 $y = e^x - \frac{1}{2} x^2 - x - 1$.

6. 解 令 $y' = P$,则 $y'' = P \frac{dP}{dy}$,于是所给方程变为

$$2yP \frac{dP}{dy} + P^2 = 0 \quad \text{或} \quad P \left(2y \frac{dP}{dy} + P \right) = 0.$$

由初始条件 $y'|_{x=0} = 1$ 知 $P \neq 0$,所以 $2y \frac{dP}{dy} + P = 0$,解得 $P = c_1 y^{-\frac{1}{2}}$.

由初始条件 $y|_{x=0} = 1, y'|_{x=0} = 1$,即当 $y = 1$ 时 $P = 1$,代入可得 $c_1 = 1$,因此有 $P = y^{-\frac{1}{2}}$,即 $\frac{dy}{dx} = y^{-\frac{1}{2}}$,分离变量,积分得 $y^{\frac{3}{2}} = \frac{3}{2} x + c_2$,把初始条件 $y|_{x=0} = 1$ 代入后可得

$c_2 = 1$,于是所求方程的特解为 $y = \left(\frac{3}{2} x + 1 \right)^{\frac{2}{3}}$.

二、解 由曲率半径公式可知 $(y'')^2 = (1 + y'^2)^3$.

令 $y' = P$,则 $y'' = P'$,于是 $\frac{dP}{dx} = \pm (1 + P^2)^{\frac{3}{2}}$.

再令 $P = \tan t$,则

$$dx = \frac{dP}{\frac{dP}{dx}} = \frac{\sec^2 t \, dt}{\pm (1 + \tan^2 t)^{\frac{3}{2}}} = \pm \cos t \, dt, \quad \text{即} \quad x = \pm \sin t + c_1,$$

进而有 $P = \pm \frac{x - c}{\sqrt{1 - (x - c_1)^2}}$,将 $y' = P$ 代入得到 $y' = \pm \frac{x - c}{\sqrt{1 - (x - c_1)^2}}$,两边积分得

$$y = \pm \sqrt{1 - (x - c_1)^2} + c_2, \quad \text{即} \quad (y - c_2)^2 + (x - c_1)^2 = 1.$$

三、解 令 $y' = P$,则 $y'' = P \frac{dP}{dy}$,于是所给方程变为

$$yP \frac{dP}{dy} - P^2 = 0 \quad \text{或} \quad P \left(y \frac{dP}{dy} - P \right) = 0.$$

由条件曲线通过$(0,1)$点且在该点与$y=2x+1$相切知$P\neq0$,所以$y\dfrac{\mathrm{d}P}{\mathrm{d}y}-P=0$,解得

$$P=c_1y$$

分离变量,积分得$y=c\mathrm{e}^{c_1x}$.

把初始条件$y|_{x=0}=1$代入后可得$c=1$,由已知曲线通过点$(0,1)$且在该点与$y=2x+1$相切知,$y'|_{x=0}=2$,得到$c_1=2$,于是所求方程为$y=\mathrm{e}^{2x}$.

习题 7-6、习题 7-7

一、1. 1.　2. $y''-y=0$.　3. $y''-4y'+4y=0$.　4. $C(y_1-y_2)+y_1$.

二、1. C.　2. A.

三、1. **解**　特征方程为$r^2+5r-66=0$,求得特征根为$r_1=6,r_2=-11$,方程的通解为$y=c_1\mathrm{e}^{6x}+c_2\mathrm{e}^{-11x}$.

2. **解**　特征方程为$r^2+6r+9=0$,求得特征根为$r_1=r_2=-3$,方程的通解为$y=(c_1+c_2x)\mathrm{e}^{-3x}$.

3. **解**　特征方程为$r^2+16r+70=0$,得一对共轭复根$r_{1,2}=-8\pm\sqrt{6}\,\mathrm{i}$,方程的通解为$y=\mathrm{e}^{-8x}(c_1\cos\sqrt{6}\,x+c_2\sin\sqrt{6}\,x)$.

4. **解**　特征方程为$r^2+49=0$,得一对共轭复根$r_{1,2}=\pm7\mathrm{i}$,方程的通解为$y=c_1\cos7x+c_2\sin7x$.

5. **解**　特征方程为$r^4-2r^2-3=0$,整理为$(r^2+1)(r^2-3)=0$,求得特征根为$r_{1,2}=\pm\mathrm{i}$,$r_{3,4}=\pm\sqrt{3}$,方程的通解为$y=c_1\cos x+c_2\sin x+c_3\mathrm{e}^{\sqrt{3}x}+c_4\mathrm{e}^{-\sqrt{3}x}$.

6. **解**　特征方程为$r^3-1=0$,求得特征根为$r_1=1,r_{2,3}=-\dfrac{1}{2}\pm\dfrac{\sqrt{3}}{2}\mathrm{i}$,方程的通解为$y=c_1\mathrm{e}^x+\mathrm{e}^{-\frac{1}{2}x}\left(c_2\cos\dfrac{\sqrt{3}}{2}x+c_3\sin\dfrac{\sqrt{3}}{2}x\right)$.

习题 7-8

一、1. A.　2. C.

二、1. **解**　特征方程为$r^2+1=0$,解得特征根为$r_{1,2}=\pm\mathrm{i}$,设方程的特解为$y^*=(ax+b)\mathrm{e}^x$,代入方程得$a=1,b=-1$,则方程有通解$y=c_1\cos x+c_2\sin x+(x-1)\mathrm{e}^x$.

2. **解**　特征方程为$r^2+2r=0$,解得特征根为$r_1=0,r_2=-2$,设方程的特解为$y^*=ax^3+bx^2+cx$,代入方程得$a=\dfrac{1}{6},b=-\dfrac{1}{2},c=\dfrac{3}{4}$,则方程有通解$y=c_1+c_2\mathrm{e}^{-2x}+\dfrac{1}{6}x^3-\dfrac{1}{2}x^2+\dfrac{3}{4}x$.

3. **解**　考虑下面两个方程的解:
$$2y''+y'-y=2\mathrm{e}^x,\qquad\qquad①$$
$$2y''+y'-y=x+1,\qquad\qquad②$$

其特征方程为 $2r^2+r-1=0$，特征根为 $r_1=\dfrac{1}{2}$，$r_2=-1$.

设方程①有如下形式的特解 $y_1^*=ae^x$，将 y_1^* 代入方程①解得 $a=1$，则 $y_1^*=e^x$；设方程②有如下形式的特解 $y_2^*=bx+c$，将 y_2^* 代入方程②解得 $b=-1$，$c=-2$，则 $y_2^*=-x-2$，故原方程的特解为 $y^*=e^x-x-2$，所以方程的通解为 $y=c_1e^{-x}+c_2e^{\frac{1}{2}x}+e^x-x-2$.

4. **解** 对应的齐次方程的特征方程为 $r^3+3r^2+3r+1=0$，特征根 $r_1=r_2=r_3=-1$. 所求齐次方程的通解为 $Y=(c_1x+c_2x+c_3x^2)e^{-x}$.

由于 $\lambda=1$ 不是特征方程的根，因此方程的特解形式可设为 $y^*=b_0e^x$，代入题设方程易解得 $b_0=\dfrac{1}{8}$，故所求方程的通解为

$$y=Y+y^*=(c_1+c_2x+c_3x^2)e^{-x}+\frac{1}{8}e^x.$$

*5. **解** 对应齐次方程的特征方程的特征根为 $r_{1,2}=\pm i$，故对应齐次方程的通解 $Y=c_1\cos x+c_2\sin x$. 作辅助方程 $y''+y=xe^{2ix}$，$\lambda=2i$ 不是特征方程的根，故设 $\bar{y}^*=(Ax+B)e^{2ix}$，代入辅助方程得

$$4Ai-3B=0,\quad -3A=1 \Rightarrow A=-\frac{1}{3},\ B=-\frac{4}{9}i,$$

所以

$$\bar{y}^*=\left(-\frac{1}{3}x-\frac{4}{9}i\right)e^{2ix}=\left(-\frac{1}{3}x-\frac{4}{9}i\right)(\cos 2x+i\sin 2x)$$

$$=-\frac{1}{3}x\cos 2x+\frac{4}{9}\sin 2x-i\left(\frac{4}{9}\cos 2x+\frac{1}{3}x\sin 2x\right),$$

取实部得到所求非齐次方程的一个特解 $\bar{y}=-\dfrac{1}{3}x\cos 2x+\dfrac{4}{9}\sin 2x$. 所求非齐次方程的通解为

$$y=c_1\cos x+c_2\sin x-\frac{1}{3}x\cos 2x+\frac{4}{9}\sin 2x$$

*6. **解** 将方程两端对 x 求导，得微分方程 $y''+y=6\sin^2x$，即 $y''+y=3(1-\cos 2x)$，特征方程为 $r^2+1=0$，特征根为 $r_1=i$，$r_2=-i$，对应齐次方程的通解为 $Y=c_1\cos x+c_2\sin x$.

注意到方程的右端 $f(x)=3-3\cos 2x=f_1(x)+f_2(x)$，且 $\alpha\pm i\beta=\pm 2i$ 不是特征根，根据非齐次方程解的叠加原理，可设特解

$$y^*=y_1^*+y_2^*=a+b\cos 2x+c\sin 2x,$$

代入方程求出 $a=3$，$b=1$，$c=0$，从而原方程的通解为

$$y=c_1\cos x+c_2\sin x+\cos 2x+3.$$

又在原方程的两端令 $x=0$，得 $y'(0)=1$，结合 $y(0)=1$，定出 $c_1=-3$，$c_2=1$，从而所求函数为

$$y(x)=\sin x-3\cos x+\cos 2x+3$$

*7. **解** 特征方程 $\lambda^2+\lambda-2=0$ 有根 $\lambda_1=-2$，$\lambda_2=1$，故齐线性方程的通解为 $x=c_1e^t+c_2e^{-2t}$，因 $\pm 2i$ 不是特征根，取特解形如 $\tilde{x}=A\cos 2t+B\sin 2t$ 代入原方程解得 $A=-\dfrac{2}{5}$，$B=$

$-\dfrac{6}{5}$，故通解为 $x=c_1e^t+c_2e^{-2t}-\dfrac{2}{5}\cos 2t-\dfrac{6}{5}\sin 2t$.

总习题 7

一、1. **解** 方程可化为 $y'=\ln x$，两边积分得 $y=x\ln x-x+c$.

2. **解** 整理方程为 $-\dfrac{y}{1-y^2}\mathrm{d}y=\dfrac{\sin x}{1+\cos^2 x}\mathrm{d}x$，两边积分得 $\dfrac{1}{2}\ln(y^2-1)=-\arctan(\cos x)+c$.

3. **解** 方程可化为 $\dfrac{\mathrm{d}y}{\mathrm{d}x}=-\dfrac{y^2}{(x+1)^2}$，分离变量两端积分得 $-\dfrac{1}{y}=\dfrac{1}{x+1}+c$.

4. **解** 方程可化为 $y'+\dfrac{2x}{x^2-1}y=\dfrac{\cos x}{x^2-1}$，此为一阶线性方程，代入公式得 $y=\dfrac{1}{x^2-1}(\sin x+c)$.

二、1. **解** 特征方程为 $2r^2+3r=0$，求得特征根为 $r_1=0,r_2=-\dfrac{3}{2}$，方程的通解为 $y=c_1+c_2\mathrm{e}^{-\frac{3}{2}x}$，代入初值条件 $y(0)=1,y'(0)=-3$ 得特解 $y=-1+2\mathrm{e}^{-\frac{3}{2}x}$.

*2. **解** 特征方程 $\lambda^2+1=0$ 有根 $\lambda_1=\mathrm{i},\lambda_2=-\mathrm{i}$，故齐线性方程的通解为 $x=c_1\cos t+c_2\sin t$. 对于 $x''+x=\sin t$，将 $\tilde{x}=t(A\cos t+B\sin t)$ 代入方程，解得 $A=-\dfrac{1}{2},B=0$，故 $\tilde{x}_1=-\dfrac{1}{2}t\cos t$. 而对于 $x''+x=-\cos 2t$，将 $\tilde{x}=A\cos 2t+B\sin 2t$ 代入方程，解得 $A=\dfrac{1}{3},B=0$，故 $\tilde{x}_2=\dfrac{1}{3}\cos 2t$.

因此方程的通解为 $x=c_1\cos t+c_2\sin t-\dfrac{1}{2}t\cos t+\dfrac{1}{3}\cos 2t$.

三、**解** 对 $\varphi(x)$ 求导整理得 $\varphi''(x)+3\varphi'(x)+2\varphi(x)=6x\mathrm{e}^{-x}$ 且满足 $\varphi(0)=1$. 特征方程为 $r^2+3r+2=0$，求得特征根为 $r_1=-1,r_2=-2$. 设方程的特解为 $\varphi^*(x)=x(ax+b)\mathrm{e}^{-x}$，代入方程得 $a=3,b=-6$，结合 $\varphi'(0)=0,\varphi(0)=1$，最后得 $\varphi(x)=(3x^2-6x+8)\mathrm{e}^{-x}-7\mathrm{e}^{-2x}$.

四、**解** 质点所受的阻力为 $f=k\dfrac{\mathrm{d}s}{\mathrm{d}t}$，质点的运动方程为 $m\dfrac{\mathrm{d}^2 s}{\mathrm{d}t^2}=mg-k\dfrac{\mathrm{d}s}{\mathrm{d}t}$，此为二阶常系数非齐次方程，解得方程的解为 $s=c_1+c_2\mathrm{e}^{-\frac{k}{m}t}+\dfrac{mg}{k}t$. 当 $t=0$ 时，$s=0,v=s'=0$，由此可得 $c_1=-\dfrac{m^2 g}{k^2},c_2=\dfrac{m^2 g}{k^2}$，代入有 $s=\dfrac{mg}{k}t-\dfrac{m^2 g}{k^2}(1-\mathrm{e}^{-\frac{k}{m}t})$.

五、**解** 方程可整理为 $\dfrac{\mathrm{d}x}{\mathrm{d}y}=xy+y^3$，这是关于 y 的一阶线性方程，利用公式解得 $x=c\mathrm{e}^{\frac{1}{2}y^2}-y^2-2$，代入条件 $y(0)=0$ 可得 $c=2$.

模拟测试一

一、选择题

1. 设 $f(x)=\begin{cases} 1+2x, & x\geqslant 0, \\ \dfrac{1}{x}\ln(1-3x), & x<0, \end{cases}$ 则 $x=0$ 为(   ).

   A. 连续点　　　　　B. 跳跃间断点　　　C. 第二类间断点　　D. 可去间断点

2. 函数 $f(x)$ 在点 x_0 处可微分是其在 x_0 处连续的(   ).

   A. 充分条件　　　　B. 必要条件　　　　C. 充要条件　　　　D. 以上都不对

3. 设函数 $y=y(x)$ 是由方程 $y^5+2y-x-3x^7=0$ 确定的隐函数,则 $\dfrac{dy}{dx}\Big|_{x=0}=$(   ).

   A. 2　　　　　　　B. 0　　　　　　　C. $\dfrac{1}{2}$　　　　　　D. 1

4. 函数 $y=\sqrt{x^2}$ 在点 $x=0$ 处(   ).

   A. 连续但不可导　　　　　　　　　B. 可导但不连续

   C. 连续且可导　　　　　　　　　　D. 既不连续也不可导

5. 函数 $f(x)=\sin x$ 的一个原函数是(   ).

   A. $\cos x+1$　　　　B. $\cos x$　　　　C. $\sin x+1$　　　　D. $\displaystyle\int_0^x \sin t\,dt$

二、填空题

1. 满足 $y'-y\sin x=e^{-\cos x},y(0)=0$ 的解为_____.

2. 当 $x\to 0$ 时,$\arctan x-x$ 是 x^3 的_____无穷小.

3. $\displaystyle\lim_{x\to\infty}\left(\dfrac{x+1}{x+3}\right)^{\frac{x}{2}+1}=$_____.

4. 设 $y=\sin^2(1+2x)$,则 $dy=$_____.

5. 函数 $y=e^x$ 在 $(0,1)$ 点的法线方程为_____.

三、计算下列各题

1. $\displaystyle\lim_{x\to 0}\dfrac{e^x-e^{-x}-2x}{2x^3}$.

2. 求不定积分 $\displaystyle\int\dfrac{1+2\ln x}{x}dx$.

3. 设 $y = x\arcsin x + \sqrt{1-x^2}$,求 y'.

4. 设 $\begin{cases} x = \cos^3 t, \\ y = \sin^3 t, \end{cases}$ 求 $\dfrac{\mathrm{d}y}{\mathrm{d}x}, \dfrac{\mathrm{d}^2 y}{\mathrm{d}x^2}$.

5. 求定积分 $\displaystyle\int_0^4 \dfrac{x+2}{\sqrt{2x+1}}\mathrm{d}x$.

6. 求定积分 $\displaystyle\int_0^1 \mathrm{e}^{\sqrt{x}}\,\mathrm{d}x$.

7. 求微分方程 $y'' + 5y' - 66y = 0$ 的通解,并求在初始条件 $y|_{x=0} = 4$,$y'|_{x=0} = 7$ 下的特解.

四、已知半径为 3 的球,问内接直圆柱的底半径 r 和高 h 为多大时,能使直圆柱的体积最大.

五、求由曲线 $y=x^4$ 与直线 $y=x$ 所围图形绕 y 轴旋转一周所得的旋转体体积 V.

六、若 $f(x)$ 在 $[0,\pi]$ 上连续,证明:$\int_0^\pi x f(\sin x)\mathrm{d}x=\dfrac{\pi}{2}\int_0^\pi f(\sin x)\mathrm{d}x$.

模拟测试二

一、选择题

1. 已知 $f(x)=\begin{cases} x+a, & x\leqslant 0, \\ \dfrac{\ln(1+x)}{\sqrt{1+x}-1}, & x>0 \end{cases}$ 在 $x=0$ 处连续,则 $a=($ $)$.

    A. 2   B. 0   C. $\dfrac{1}{2}$ D. 1

2. 设 $\sin x$ 为 $f(x)$ 的一个原函数,则 $\int f'(x)\mathrm{d}x=($ $)$.

    A. $\cos x$ B. $\cos x+c$ C. $\sin x+c$ D. $\sin x$

3. 设 $f(x)$ 二阶可导,则 $\lim\limits_{h\to 0}\dfrac{f(x+h)-2f(x)+f(x-h)}{h^2}=($ $)$.

    A. $2f'(x)$ B. $-2f'(x)$ C. 0   D. $f''(x)$

4. $\int_{-\infty}^{+\infty}\dfrac{1}{1+x^2}\mathrm{d}x=($ $)$.

    A. $\pi/2$ B. π C. 0   D. $-\pi$

5. 函数 $y=x^2-x^3$ 的凹区间为(   ).

    A. $(1/3,+\infty)$ B. $[1/3,+\infty)$ C. $(-\infty,1/3]$ D. $(-\infty,1/3)$

二、填空题

1. $\int_{-3}^{3}\dfrac{x^3\cos x}{x^4+2x^2+2}\mathrm{d}x=$ _____.   2. $\lim\limits_{x\to\infty}\left(\dfrac{3-2x}{2-2x}\right)^x=$ _____.

3. d _____ $=\dfrac{1}{\sqrt{x}}\mathrm{d}x$.

4. 函数 $f(x)=\mathrm{e}^{-2x}$ 展开成带皮亚诺余项的 3 阶麦克劳林公式为 _____.

5. 微分方程 $y'-3y=2\mathrm{e}^{2x}$ 满足初始条件 $y(0)=1$ 的解为 _____.

三、计算下列各题

1. 求 $\lim\limits_{x\to 0}\dfrac{\int_0^x t^2\mathrm{e}^{-t}\mathrm{d}t}{\arctan x-x}$.   2. 求不定积分 $\int x\sqrt{1-x^2}\,\mathrm{d}x$.

3. 设 $f(x)$ 可导,求函数 $y = f(\sin^2 x) + f(\cos^2 x)$ 的导数 $\dfrac{\mathrm{d}y}{\mathrm{d}x}$.

4. 求曲线 $y = \mathrm{e}^{-x}\sqrt{x+1}$ 在点 $(0,1)$ 处的切线方程和法线方程.

5. 设函数 $f(x) = \begin{cases} \sqrt{1-x^2}, & -1 \leqslant x < 0, \\ x\mathrm{e}^{-x^2}, & x \geqslant 0, \end{cases}$ 求 $\displaystyle\int_1^4 f(x-2)\,\mathrm{d}x$.

6. 设 $f(x)$ 在 $[a,b]$ 上可导,且 $f(a) = f(b) = 0$,$\displaystyle\int_a^b f^2(x)\,\mathrm{d}x = 1$,求 $\displaystyle\int_a^b x f(x) f'(x)\,\mathrm{d}x$.

7. 求微分方程 $y''-6y'+9y=0$ 的通解，并求在初始条件 $y|_{x=0}=1,y'|_{x=0}=6$ 下的特解.

四、问 a 为何值时，$f(x)=a\sin x+\dfrac{1}{3}\sin 3x$ 在 $x=\dfrac{\pi}{3}$ 处取得极值. 是极大值还是极小值？并求出此极值.

五、求由曲线 $y=2x-x^2$ 与直线 $y=0$ 所围图形绕 y 轴旋转一周所得的旋转体体积 V.

六、证明：$\displaystyle\int_0^x (x-u)f(u)\,\mathrm{d}u=\int_0^x\left(\int_0^u f(x)\,\mathrm{d}x\right)\mathrm{d}u$.

模拟测试三

一、选择题

1. $x=0$ 是函数 $f(x)=\dfrac{\ln(1+x)}{x}$ 的（　　）.

    A. 连续点   B. 跳跃间断点   C. 无穷间断点   D. 可去间断点

2. 当 $x\to0$ 时, 下列哪一个函数是其他三个的高阶无穷小?（　　）

    A. x^2 B. $1-\cos x^2$ C. $e^{x^2}-1$ D. $\ln(1+x^2)$

3. 设 $\varphi(x)$ 在 $x=a$ 连续, $f(x)=|x-a|\varphi(x)$, 若 $f(x)$ 在 $x=a$ 可导, 则 $\varphi(x)$ 应满足（　　）.

    A. $\varphi(a)>0$ B. $\varphi(a)<0$ C. $\varphi(a)\neq0$ D. $\varphi(a)=0$

4. 已知 $\displaystyle\int f(x)\mathrm{d}x=xe^x-e^x+C$, 则 $\displaystyle\int f'(x)\mathrm{d}x=$（　　）.

    A. xe^x+C B. xe^x-e^x+C C. xe^x+e^x+C D. xe^x-2e^x+C

5. 设 $y_1=y_1(x)$, $y_2=y_2(x)$ 为非齐次线性微分方程 $y'+p(x)y=f(x)$ 的两个不同的特解, 则其通解可表示为（　　）.

    A. $y=c(y_2-y_1)+y_1$ B. $y=c_1y_1+y_2$

    C. $y=c(y_2+y_1)+y_1$ D. $y=c(y_2-y_1)$

二、填空题

1. 设函数 $f(x)=\begin{cases}\dfrac{\sin2x}{x}, & x<0, \\ a, & x=0, \\ 3x+2, & x>0\end{cases}$ 在 $x=0$ 点连续, 则 a _____.

2. 若 $f(x)$ 在 $x=x_0$ 处可导, 并且 $f'(x_0)=3$, 则 $\displaystyle\lim_{h\to0}\dfrac{h}{f(x_0-h)-f(x_0)}=$ _____.

3. 设 $y=\displaystyle\int_0^{x^2}\dfrac{\sin t}{t}\mathrm{d}t$, 则 $\mathrm{d}y=$ _____.

4. 设 $f(x)$ 连续, 且 $f(x)=3x^2+4x\displaystyle\int_0^1f(x)\mathrm{d}x$, 则 $f(x)=$ _____.

5. 曲线 $y=x+e^x$ 在 $x=0$ 处的切线方程是 _____.

三、计算下列各题

1. $\displaystyle\lim_{x\to0}\dfrac{\sqrt{2+\tan x}-\sqrt{2+\sin x}}{x^2\sin x}$

2. 求不定积分 $\displaystyle\int\dfrac{\mathrm{d}x}{e^x+e^{-x}}$.

3. 设 $y = xa^x + \ln(x + \sqrt{x^2 + a^2})(a > 0, a \neq 1)$,求 $y'|_{x=0}$.

4. 设 $\begin{cases} x = e^{2t} - 1, \\ y = 2e^t, \end{cases}$ 求 $\dfrac{dy}{dx}, \dfrac{d^2 y}{dx^2}$.

5. $\displaystyle\int_{\frac{1}{e}}^{e} |\ln x| \, dx$.

6. 求微分方程 $x\dfrac{dy}{dx} + 2y = \sin x$ 的通解,并求满足初始条件 $y(\pi) = \dfrac{1}{\pi}$ 的特解.

四、求由平面曲线 $\dfrac{x^2}{a^2}+\dfrac{y^2}{b^2}=1$ 绕 y 轴旋转一周所得的旋转体体积 V.

五、有一个无盖的圆柱形容器,当给定体积为 V 时,要使容器的表面积最小,问底的半径与容器高的比例应该怎样.

六、证明题

1. 证明:当 $x>0$ 时,$1+x\ln(x+\sqrt{1+x^2})>\sqrt{1+x^2}$.

2. $f(x)$ 在 $[0,3]$ 上连续,在 $(0,3)$ 内可导,$f(0)=1$,$f(1)+f(2)+f(3)=3$.证明至少存在一点 $\xi\in(0,3)$,使得 $f'(\xi)=0$.

模拟测试答案及参考解答

模拟测试一

一、1. B   2. A   3. C   4. A   5. D

二、1. $y = x e^{-\cos x}$；   2. 同阶不等价；   3. e^{-1}；   4. $2\sin(2+4x)dx$；

5. $x - y + 1 = 0$.

三、1. 原式 $= \lim\limits_{x \to 0} \dfrac{e^x + e^{-x} - 2}{6x^2} = \lim\limits_{x \to 0} \dfrac{e^x - e^{-x}}{12x} = \lim\limits_{x \to 0} \dfrac{e^x + e^{-x}}{12} = \dfrac{1}{6}$.

2. 原式 $= \displaystyle\int (1 + 2\ln x) d\ln x = \dfrac{1}{2} \int (1 + 2\ln x) d(1 + 2\ln x) = \dfrac{1}{4}(1 + 2\ln x)^2 + c$.

3. $y' = [x \arcsin x]' + (\sqrt{1-x^2})' = \arcsin x + x \dfrac{1}{\sqrt{1-x^2}} + \dfrac{-2x}{2\sqrt{1-x^2}} = \arcsin x$.

4. $y' = \dfrac{dy}{dx} = \dfrac{dy/dt}{dx/dt} = \dfrac{3\sin^2 t \cos t}{-3\sin t \cos^2 t} = -\tan t$,

$$\dfrac{d^2 y}{dx^2} = \dfrac{d\dfrac{dy}{dx}}{dt} \dfrac{1}{\dfrac{dx}{dt}} = \dfrac{-\dfrac{1}{\cos^2 t}}{-3\cos^2 t \sin t} = \dfrac{1}{3\cos^4 t \sin t}.$$

5. 令 $\sqrt{2x+1} = t$，则 $x = \dfrac{t^2-1}{2}$，$dx = t\,dt$，且 $x=0 \Rightarrow t=1$；$x=4 \Rightarrow t=3$. 于是

$$\int_0^4 \dfrac{x+2}{\sqrt{2x+1}} dx = \int_1^3 \dfrac{\dfrac{t^2+3}{2}}{t} t\,dt = \dfrac{1}{2} \int_1^3 (t^2+3) dt = \dfrac{1}{2} \left(\dfrac{1}{3} t^3 + 3t \right) \Big|_1^3 = \dfrac{22}{3}.$$

6. 令 $\sqrt{x} = t$，则 $x = t^2$，$dx = 2t\,dt$，且 $x=0 \Rightarrow t=0$；$x=1 \Rightarrow t=1$. 代入得

$$\int_0^1 e^{\sqrt{x}} dx = 2\int_0^1 t e^t dt = 2\left(t e^t \Big|_0^1 - \int_0^1 e^t dt\right) = 2[e - (e-1)] = 2.$$

7. 特征方程为 $\lambda^2 + 5\lambda - 66 = 0$，解得特征根为 $\lambda_1 = -11$，$\lambda_2 = 6$，通解为 $y = C_1 e^{-11x} + C_2 e^{6x}$. 进而得 $y' = -11C_1 e^{-11x} + 6C_2 e^{6x}$，代入初始条件得 $\begin{cases} C_1 + C_2 = 4, \\ -11C_1 + 6C_2 = 7, \end{cases}$ 得

$\begin{cases} C_1 = 1, \\ C_2 = 3, \end{cases}$ 所以特解为 $y = e^{-11x} + 3e^{6x}$.

四、由题设可知内接直圆柱的高 h 和底半径 r 满足关系 $r^2 + (h/2)^2 = 3^2$，所以 $h = 2\sqrt{9-r^2}$，因此圆柱体积为 $V(r) = \pi r^2 h = 2\pi r^2 \sqrt{9-r^2}$. 求导得

$$V'(r) = 2\pi \left[2r\sqrt{9-r^2} - \frac{r^3}{\sqrt{9-r^2}} \right] = \frac{2\pi r}{\sqrt{9-r^2}}(18 - 3r^2).$$

令 $V'(x) = 0$ 得 $r = \sqrt{6}$（负值舍去）. 当 $r > \sqrt{6}$ 时，$V'(x) < 0$；当 $r < \sqrt{6}$ 时，$V'(x) > 0$. 所以 $r = \sqrt{6}$ 是极大值点. 唯一的极大值点是最大值点，此时底半径 $r = \sqrt{6}$，高 $h = 2\sqrt{3}$.

五、旋转体体积

$$V = \pi \int_0^1 \left[(y^{\frac{1}{4}})^2 - (y)^2 \right] \mathrm{d}y = \pi \left[\frac{2y^{\frac{3}{2}}}{3} - \frac{y^3}{3} \right]_0^1 = \frac{\pi}{3}.$$

六、令 $x = \pi - t$，则

$$\int_0^\pi x f(\sin x)\mathrm{d}x = -\int_\pi^0 (\pi - t) f[\sin(\pi - t)]\mathrm{d}t$$

$$= \int_0^\pi (\pi - t) f[\sin(\pi - t)]\mathrm{d}t = \int_0^\pi (\pi - t) f(\sin t)\mathrm{d}t$$

$$= \pi \int_0^\pi f(\sin t)\mathrm{d}t - \int_0^\pi t f(\sin t)\mathrm{d}t = \pi \int_0^\pi f(\sin x)\mathrm{d}x - \int_0^\pi x f(\sin x)\mathrm{d}x,$$

所以 $\int_0^\pi x f(\sin x)\mathrm{d}x = \frac{\pi}{2}\int_0^\pi f(\sin x)\mathrm{d}x$.

模拟测试二

一、1. A   2. B   3. D   4. B   5. C.

二、1. 0;   2. $e^{-\frac{1}{2}}$;   3. $2\sqrt{x} + C$;   4. $f(x) = 1 - 2x + 2x^2 - \frac{4}{3}x^3 + o(x^3)$;

5. $y = 3e^{3x} - 2e^{2x}$.

三、1. $\displaystyle\lim_{x \to 0} \frac{\int_0^x t^2 e^{-t}\mathrm{d}t}{\arctan x - x} = \lim_{x \to 0} \frac{x^2 e^{-x}}{\frac{1}{1+x^2} - 1} = \lim_{x \to 0} \frac{x^2 e^{-x}(1+x^2)}{-x^2} = -\lim_{x \to 0} e^{-x}(1+x^2) = -1.$

2. $\displaystyle\int x\sqrt{1-x^2}\,\mathrm{d}x = -\frac{1}{2}\int \sqrt{1-x^2}\,\mathrm{d}(1-x^2) = -\frac{1}{2} \cdot \frac{2}{3}(1-x^2)^{3/2} + c = -\frac{1}{3}(1-x^2)^{3/2} + c.$

3. $\displaystyle\frac{\mathrm{d}y}{\mathrm{d}x} = \frac{\mathrm{d}}{\mathrm{d}x}\left[f(\sin^2 x) + f(\cos^2 x) \right] = 2\sin x \cos x\, f'(\sin^2 x) - 2\sin x \cos x\, f'(\cos^2 x)$

$\qquad = \sin 2x \left[f'(\sin^2 x) - f'(\cos^2 x) \right].$

4. $\displaystyle y' = (e^{-x}\sqrt{x+1})' = -e^{-x}\sqrt{x+1} + \frac{e^{-x}}{2\sqrt{x+1}} = \frac{-e^{-x}(2x+1)}{2\sqrt{x+1}}$, $\left. y' \right|_{(0,1)} =$

$$\frac{-e^{-x}(2x+1)}{2\sqrt{x+1}}\Big|_{x=0}=-\frac{1}{2}$$，切线方程为 $y-1=-\frac{1}{2}x$，即 $x+2y-2=0$，法线方程为 $y-1=2x$.

5. 令 $x-2=t$，则 $\int_1^4 f(x-2)\mathrm{d}x=\int_{-1}^2 f(t)\mathrm{d}t$ ，于是

$$原式=\int_{-1}^2 f(t)\mathrm{d}t=\int_{-1}^0 f(t)\mathrm{d}t+\int_0^2 f(t)\mathrm{d}t=\int_{-1}^0\sqrt{1-t^2}\,\mathrm{d}t+\int_0^2 t\mathrm{e}^{-t^2}\,\mathrm{d}t$$

$$=\frac{\pi}{4}-\frac{1}{2}\int_0^2 \mathrm{e}^{-t^2}\mathrm{d}(-t^2)=\frac{\pi}{4}-\frac{1}{2}[\mathrm{e}^{-t^2}]_0^2=\frac{\pi+2(1-\mathrm{e}^{-4})}{4}.$$

6. $\int_a^b xf(x)f'(x)\mathrm{d}x=\int_a^b xf(x)\mathrm{d}f(x)=\left[\frac{x}{2}f^2(x)\right]_a^b-\frac{1}{2}\int_a^b f^2(x)\mathrm{d}x$

$$=\frac{b}{2}f^2(b)-\frac{a}{2}f^2(a)-\frac{1}{2}=-\frac{1}{2}.$$

7. 特征方程为 $\lambda^2-6\lambda+9=0$，解得特征根为 $\lambda_1=\lambda_2=3$，通解为 $y=(C_1+C_2x)\mathrm{e}^{3x}$，进而得 $y'=(3C_1+C_2+3C_2x)\mathrm{e}^{3x}$，代入初始条件得 $\begin{cases}C_1=1,\\3C_1+C_2=6,\end{cases}\Rightarrow\begin{cases}C_1=1,\\C_2=3,\end{cases}$ 所以特解为 $y=(1+3x)\mathrm{e}^{3x}$.

四、由 $f(x)=a\sin x+\frac{1}{3}\sin3x$ 在 $x=\frac{\pi}{3}$ 处取得极值，得到 $f'(\pi/3)=0$，即 $f'(\pi/3)=a\cos(\pi/3)+\cos\pi=a/2-1=0$，得到 $a=2$.

又因为 $f''(\pi/3)=-2\sin(\pi/3)-3\sin\pi=-\sqrt{3}<0$，

所以 $f(x)$ 在 $x=\frac{\pi}{3}$ 处取得极大值，极大值为 $f(\pi/3)=2\sin(\pi/3)+\frac{1}{3}\sin\pi=\sqrt{3}$.

五、如图所示，$y=2x-x^2$ 的反函数分为两支，$x=1-\sqrt{1-y}$ $(0\leqslant y\leqslant1)$ 和 $x=1+\sqrt{1-y}$ $(0\leqslant y\leqslant1)$，所以旋转体体积为

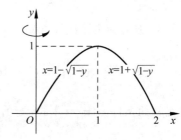

$$V=\pi\int_0^1(1+\sqrt{1-y})^2\mathrm{d}y-\pi\int_0^1(1-\sqrt{1-y})^2\mathrm{d}y$$

$$=\pi\int_0^1\left[(1+\sqrt{1-y})^2-(1-\sqrt{1-y})^2\right]\mathrm{d}y$$

$$=4\pi\int_0^1\sqrt{1-y}\,\mathrm{d}y=-4\pi\cdot\frac{2}{3}(1-y)^{\frac{3}{2}}\Big|_0^1=\frac{8}{3}\pi.$$

六、利用定积分的分部积分法，有

$$\int_0^x\left[\int_0^u f(x)\mathrm{d}x\right]\mathrm{d}u=\left[u\int_0^u f(x)\mathrm{d}x\right]\Big|_0^x-\int_0^x u\left[\frac{\mathrm{d}}{\mathrm{d}u}\int_0^u f(x)\mathrm{d}x\right]\mathrm{d}u$$

$$=x\int_0^x f(x)\mathrm{d}x-\int_0^x uf(u)\mathrm{d}u$$

$$=x\int_0^x f(u)\mathrm{d}u-\int_0^x uf(u)\mathrm{d}u$$

$$=\int_0^x(x-u)f(u)\mathrm{d}u.$$

模拟测试三

一、1. D　　2. B　　3. D　　4. A　　5. A.

二、1. $a=2$；　　2. $-\dfrac{1}{3}$；　　3. $\dfrac{2\sin x^2}{x}\mathrm{d}x$；　　4. $3x^2-4x$；　　5. $y=2x+1$.

三、1. $\displaystyle\lim_{x\to 0}\dfrac{\sqrt{2+\tan x}-\sqrt{2+\sin x}}{x^2\sin x}=\lim_{x\to 0}\dfrac{\tan x-\sin x}{x^3(\sqrt{2+\tan x}+\sqrt{2+\sin x})}$

$$=\lim_{x\to 0}\dfrac{\tan x(1-\cos x)}{x^3}\cdot\dfrac{1}{2\sqrt{2}}=\dfrac{1}{4\sqrt{2}}.$$

2. $\displaystyle\int\dfrac{\mathrm{d}x}{\mathrm{e}^x+\mathrm{e}^{-x}}=\int\dfrac{\mathrm{e}^x}{1+\mathrm{e}^{2x}}\mathrm{d}x=\int\dfrac{1}{1+\mathrm{e}^{2x}}\mathrm{d}(\mathrm{e}^x)=\arctan\mathrm{e}^x+c.$

3. $y'=a^x+xa^x\ln a+\dfrac{1}{x+\sqrt{x^2+a^2}}\left(1+\dfrac{x}{\sqrt{x^2+a^2}}\right)=a^x+xa^x\ln a+\dfrac{1}{\sqrt{x^2+a^2}},$

$y'\big|_{x=0}=1+\dfrac{1}{a}.$

4. $\dfrac{\mathrm{d}y}{\mathrm{d}x}=\dfrac{\dfrac{\mathrm{d}y}{\mathrm{d}t}}{\dfrac{\mathrm{d}x}{\mathrm{d}t}}=\dfrac{2\mathrm{e}^t}{2\mathrm{e}^{2t}}=\mathrm{e}^{-t},\dfrac{\mathrm{d}^2y}{\mathrm{d}x^2}=\dfrac{(\mathrm{e}^{-t})'}{(\mathrm{e}^{2t}-1)'}=\dfrac{-\mathrm{e}^{-t}}{2\mathrm{e}^{2t}}=-\dfrac{1}{2}\mathrm{e}^{-3t}.$

5. $\displaystyle\int_{\frac{1}{\mathrm{e}}}^{\mathrm{e}}|\ln x|\mathrm{d}x=\int_{\frac{1}{\mathrm{e}}}^{1}(-\ln x)\mathrm{d}x+\int_{1}^{\mathrm{e}}\ln x\,\mathrm{d}x=2-\dfrac{2}{\mathrm{e}}.$

6. 方程为一阶线性方程，$P(x)=\dfrac{2}{x}$，$Q(x)=\dfrac{\sin x}{x}$，故

$$y=\mathrm{e}^{-\int P(x)\mathrm{d}x}\left(c+\int Q(x)\mathrm{e}^{\int P(x)\mathrm{d}x}\mathrm{d}x\right)=x^{-2}(\sin x-x\cos x+c),$$

满足初始条件 $y(\pi)=\dfrac{1}{\pi}$ 的 $c=0$，故特解为 $y=x^{-2}(\sin x-x\cos x)$.

四、$V=\displaystyle\int_{-b}^{b}\dfrac{a^2}{b^2}(b^2-y^2)\pi\mathrm{d}y=\pi\dfrac{a^2}{b^2}\left(b^2y-\dfrac{1}{3}y^3\right)\Big|_{-b}^{b}=\dfrac{4}{3}\pi a^2b.$

五、已知 $V=\pi r^2h$，即 $h=\dfrac{V}{\pi r^2}$，容器的表面积为 $S=\pi r^2+2\pi rh=\pi r^2+\dfrac{2V}{r}$，$S'=2\pi r-\dfrac{2V}{r^2}$. 令 $S'=0$，得 $r=\sqrt[3]{\dfrac{V}{\pi}}$，由于此为函数的唯一驻点，因此 r 就是 S 的极小值点. 此时 $h=\sqrt[3]{\dfrac{V}{\pi}}$，即 $h:r=1:1$.

六、1. 设 $f(x)=1+x\ln(x+\sqrt{1+x^2})-\sqrt{1+x^2}$，则 $f'(x)=\ln(x+\sqrt{1+x^2})$.
当 $x>0$ 时 $f'(x)>0$，因此 $f(x)$ 在 $x>0$ 时是单调递增的，此时 $f(x)>f(0)=0$，结论

得证.

2. 因为 $f(x)$ 在 $[0,3]$ 上连续，所以在 $[1,3]$ 上连续，且在 $[1,3]$ 上有最大值 M 和最小值 m，故 $m \leqslant f(1), f(2), f(3) \leqslant M$，从而 $m \leqslant \dfrac{f(1)+f(2)+f(3)}{3} \leqslant M$，由介值定理，至少存在一点 $c \in [1,3]$，使得 $f(c) = \dfrac{f(1)+f(2)+f(3)}{3} = 1$. 由于 $f(0)=f(c)=1$，且 $f(x)$ 在 $[0,c]$ 上连续，在 $(0,c)$ 内可导，由罗尔定理知必存在 $\xi \in (0,c) \subset (0,3)$，使得 $f'(\xi)=0$，证毕.

能力提升试题

一、选择题

(1) 设函数 $y=f(x)$ 具有二阶导数,且 $f'(x)>0$, $f''(x)>0$, Δx 为自变量 x 在 x_0 处的增量,Δy 与 $\mathrm{d}y$ 分别为 $f(x)$ 在点 x_0 处对应的增量与微分,若 $\Delta x>0$,则(   ).

    A. $0<\mathrm{d}y<\Delta y$.   B. $0<\Delta y<\mathrm{d}y$.   C. $\Delta y<\mathrm{d}y<0$.   D. $\mathrm{d}y<\Delta y<0$.

(2) 当 $x\to 0^+$ 时,与 $\sqrt{x}$ 等价的无穷小量是(   ).

    A. $1-\mathrm{e}^{\sqrt{x}}$ B. $\ln\dfrac{1+x}{1-\sqrt{x}}$ C. $\sqrt{1+\sqrt{x}}-1$ D. $1-\cos\sqrt{x}$

(3) 曲线 $y=\dfrac{1}{x}+\ln(1+\mathrm{e}^x)$,渐近线的条数为(   ).

    A. 0   B. 1   C. 2   D. 3

(4) 如图所示,连续函数 $y=f(x)$ 在区间 $[-3,-2]$, $[2,3]$ 上的图形分别是直径为 1 的上、下半圆周,在区间 $[-2,0]$,$[0,2]$ 的图形分别是直径为 2 的下、上半圆周,设 $F(x)=\displaystyle\int_0^x f(t)\mathrm{d}t$. 则下列结论正确的是(   ).

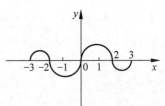

    A. $F(3)=-\dfrac{3}{4}F(-2)$ B. $F(3)=\dfrac{5}{4}F(2)$

    C. $F(-3)=\dfrac{3}{4}F(2)$ D. $F(-3)=-\dfrac{5}{4}F(-2)$

(5) 设函数 $f(x)$ 在 $x=0$ 处连续,下列命题错误的是(   ).

    A. 若 $\lim\limits_{x\to 0}\dfrac{f(x)}{x}$ 存在,则 $f(0)=0$

    B. 若 $\lim\limits_{x\to 0}\dfrac{f(x)+f(-x)}{x}$ 存在,则 $f(0)=0$

    C. 若 $\lim\limits_{x\to 0}\dfrac{f(x)}{x}$ 存在,则 $f'(0)$ 存在

    D. 若 $\lim\limits_{x\to 0}\dfrac{f(x)-f(-x)}{x}$ 存在,则 $f'(0)$ 存在

(6) 设函数 $f(x)=\displaystyle\int_0^{x^2}\ln(2+t)\mathrm{d}t$,则 $f'(x)$ 的零点个数为(   ).

    A. 0   B. 1   C. 2   D. 3

(7) 在下列微分方程中,以 $y=C_1\mathrm{e}^x+C_2\cos 2x+C_3\sin 2x$($C_1,C_2,C_3$ 为任意的常数)为通解的是(   ).

    A. $y'''+y''-4y'-4y=0$ B. $y'''+y''+4y'+4y=0$

C. $y''' - y'' - 4y' + 4y = 0$ 　　　　　　D. $y''' - y'' + 4y' - 4y = 0$

(8) 设函数 $f(x)$ 在 $(-\infty, +\infty)$ 内单调有界，$\{x_n\}$ 为数列，下列命题正确的是（　　）.

A. 若 $\{x_n\}$ 收敛，则 $\{f(x_n)\}$ 收敛　　　B. 若 $\{x_n\}$ 单调，则 $\{f(x_n)\}$ 收敛

C. 若 $\{f(x_n)\}$ 收敛，则 $\{x_n\}$ 收敛　　　D. 若 $\{f(x_n)\}$ 单调，则 $\{x_n\}$ 收敛

(9) 当 $x \to 0$ 时，$f(x) = x - \sin ax$ 与 $g(x) = x^2 \ln(1 - bx)$ 是等价无穷小，则（　　）.

A. $a = 1, b = -\dfrac{1}{6}$ 　　　　　　B. $a = 1, b = \dfrac{1}{6}$

C. $a = -1, b = -\dfrac{1}{6}$ 　　　　　D. $a = -1, b = \dfrac{1}{6}$

(10) 设函数 $y = f(x)$ 在区间 $[-1, 3]$ 上的图形如右图，则函数 $F(x) = \displaystyle\int_0^x f(t)\,\mathrm{d}t$ 的图形为（　　）.

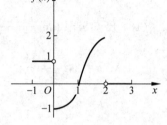

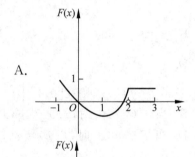

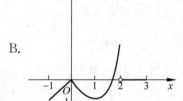

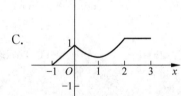

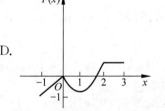

(11) $\displaystyle\lim_{x \to \infty} \left(\dfrac{x^2}{(x - a)(x + b)} \right)^x = $（　　）.

A. 1　　　　　　B. e　　　　　　C. e^{a-b}　　　　　　D. e^{b-a}

(12) 设 m, n 是正整数，则反常积分 $\displaystyle\int_0^1 \dfrac{\sqrt[m]{\ln^2(1-x)}}{\sqrt[n]{x}}\,\mathrm{d}x$ 的收敛性（　　）.

A. 仅与 m 的取值有关　　　　　　B. 仅与 n 的取值有关

C. 与 m, n 的取值都有关　　　　　D. 与 m, n 的取值都无关

(13) 曲线 $y = (x-1)(x-2)^2(x-3)^3(x-4)^4$ 的拐点是（　　）.

A. $(1, 0)$　　　　B. $(2, 0)$　　　　C. $(3, 0)$　　　　D. $(4, 0)$

(14) 设 $I = \displaystyle\int_0^{\frac{\pi}{4}} \ln\sin x\,\mathrm{d}x$，$J = \displaystyle\int_0^{\frac{\pi}{4}} \ln\cot x\,\mathrm{d}x$，$K = \displaystyle\int_0^{\frac{\pi}{4}} \ln\cos x\,\mathrm{d}x$，则 I, J, K 的大小关系是（　　）.

A. $I<J<K$ B. $I<K<J$ C. $J<I<K$ D. $K<J<I$

(15) 曲线 $y=\dfrac{x^2+x}{x^2-1}$ 渐近线的条数为(   ).

A. 0   B. 1   C. 2   D. 3

(16) 设函数 $y(x)=(e^x-1)(e^{2x}-2)\cdots(e^{nx}-n)$,其中 n 为正整数,则 $y'(0)=($).

A. $(-1)^{n-1}(n-1)!$ B. $(-1)^n(n-1)!$

C. $(-1)^{n-1}n!$ D. $(-1)^n n!$

(17) 设 $I_k=\displaystyle\int_0^k e^{x^2}\sin x\,dx\,(k=1,2,3)$,则有(   ).

A. $I_1<I_2<I_3$ B. $I_3<I_2<I_1$ C. $I_2<I_3<I_1$ D. $I_2<I_1<I_3$

(18) 已知极限 $\displaystyle\lim_{x\to\infty}\dfrac{x-\arctan x}{x^k}=c$,其中 k,c 为常数,且 $c\neq0$,则(   ).

A. $k=2,c=-\dfrac{1}{2}$ B. $k=2,c=\dfrac{1}{2}$

C. $k=3,c=-\dfrac{1}{3}$ D. $k=3,c=\dfrac{1}{3}$

(19) 下列曲线有渐近线的是(   ).

A. $y=x+\sin x$ B. $y=x^2+\sin x$

C. $y=x+\sin\dfrac{1}{x}$ D. $y=x^2+\sin\dfrac{1}{x}$

(20) 设函数 $f(x)$ 具有二阶导数,$g(x)=f(0)(1-x)+f(1)x$,则在 $[0,1]$ 上(   ).

A. 当 $f'(x)\geqslant0$ 时,$f(x)\geqslant g(x)$ B. 当 $f'(x)\geqslant0$ 时,$f(x)\leqslant g(x)$

C. 当 $f''(x)\leqslant0$ 时,$f(x)\geqslant g(x)$ D. 当 $f''(x)\leqslant0$ 时,$f(x)\leqslant g(x)$

(21) 若函数 $\displaystyle\int_{-\pi}^{\pi}(x-a_1\cos x-b_1\sin x)^2\,dx=\min_{a,b\in\mathbf{R}}\left\{\int_{-\pi}^{\pi}(x-a\cos x-b\sin x)^2\,dx\right\}$,则 $a_1\cos x+b_1\sin x=($).

A. $2\sin x$ B. $2\cos x$ C. $2\pi\sin x$ D. $2\pi\cos x$

二、填空题

(1) $\displaystyle\lim_{x\to0}\dfrac{x\ln(1+x)}{1-\cos x}=$ _____.

(2) 微分方程 $y'=\dfrac{y(1-x)}{x}$ 的通解是 _____.

(3) $\displaystyle\int_1^2\dfrac{1}{x^3}e^{\frac{1}{x}}\,dx=$ _____.

(4) 二阶常系数非齐次线性微分方程 $y''-4y'+3y=2e^{2x}$ 的通解为 _____.

(5) 微分方程 $xy'+y=0$ 满足条件 $y(1)=1$ 的解是 $y=$ _____.

(6) 若二阶常系数齐次线性微分方程 $y''+ay'+by=0$ 的通解为 $y=(C_1+C_2x)e^x$,则非齐次方程 $y''+ay'+by=x$ 满足条件 $y(0)=2,y'(0)=0$ 的解为 $y=$ _____.

(7) 设 $\begin{cases}x=e^{-t},\\ y=\displaystyle\int_0^t\ln(1+u^2)\,du\end{cases}$,求 $\dfrac{d^2y}{dx^2}\bigg|_{t=0}=$ _____.

(8) $\int_0^{\pi^2} \sqrt{x} \cos \sqrt{x}\, \mathrm{d}x = $ _____ .

(9) 微分方程 $y' + y = \mathrm{e}^{-x} \cos x$ 满足条件 $y(0)=0$ 的解为 _____ .

(10) 若函数 $f(x)$ 满足方程 $f''(x) + f'(x) - 2f(x) = 0$ 及 $f''(x) + f(x) = 2\mathrm{e}^x$,则 $f(x) = $ _____ .

(11) $\int_0^2 x\sqrt{2x - x^2}\, \mathrm{d}x = $ _____ .

(12) 已知 $y_1 = \mathrm{e}^{3x} - x\mathrm{e}^{2x}$,$y_2 = \mathrm{e}^x - x\mathrm{e}^{2x}$,$y_3 = -x\mathrm{e}^{2x}$ 是某二阶常系数非齐次线性微分方程的 3 个解,则该方程的通解 $y = $ _____ .

(13) 设 $\begin{cases} x = \sin t, \\ y = t\sin t + \cos t \end{cases}$ (t 为参数),则 $\left.\dfrac{\mathrm{d}^2 y}{\mathrm{d}x^2}\right|_{t=\frac{\pi}{4}} = $ _____ .

(14) $\int_1^{+\infty} \dfrac{\ln x}{(1+x)^2}\, \mathrm{d}x = $ _____ .

(15) 设 $f(x)$ 是周期为 4 的可导奇函数,且 $f'(x) = 2(x-1)$,$x \in [0,2]$,则 $f(7) = $ _____ .

(16) 微分方程 $xy' + y(\ln x - \ln y) = 0$ 满足 $y(1) = \mathrm{e}^3$ 的解为 _____ .

三、解答题

(1) 设数列 $\{x_n\}$ 满足 $0 < x_1 < \pi$,$x_{n+1} = \sin x_n$ ($n = 1,2,\cdots$).

(Ⅰ) 证明 $\lim\limits_{n \to \infty} x_n$ 存在,并求该极限.

(Ⅱ) 计算 $\lim\limits_{n \to \infty} \left(\dfrac{x_{n+1}}{x_n}\right)^{\frac{1}{x_n^2}}$.

（2）设函数 $f(x),g(x)$ 在 $[a,b]$ 上连续,在 (a,b) 内具有二阶导数且存在相等的最大值,$f(a)=g(a)$,$f(b)=g(b)$,证明:存在 $\xi\in(a,b)$,使得 $f''(\xi)=g''(\xi)$.

（3）求极限 $\lim\limits_{x\to 0}\dfrac{[\sin x-\sin(\sin x)]\sin x}{x^4}$.

（4）设 $f(x)$ 是连续函数.

（Ⅰ）利用定义证明函数 $F(x)=\displaystyle\int_0^x f(t)\mathrm{d}t$ 可导,且 $F'(x)=f(x)$;

（Ⅱ）当 $f(x)$ 是以 2 为周期的周期函数时,证明函数 $G(x)=2\displaystyle\int_0^x f(t)\mathrm{d}t-x\displaystyle\int_0^2 f(t)\mathrm{d}t$ 也是以 2 为周期的周期函数.

（5）（Ⅰ）证明拉格朗日中值定理：若函数 $f(x)$ 在 $[a,b]$ 上连续，在 (a,b) 可导，则存在 $\xi \in (a,b)$，使得 $f(b)-f(a)=f'(\xi)(b-a)$；

（Ⅱ）证明：若函数 $f(x)$ 在 $x=0$ 处连续，在 $(0,\delta)(\delta>0)$ 内可导，且 $\lim\limits_{x \to 0^+} f'(x)=A$，则 $f'_+(0)$ 存在，且 $f'_+(0)=A$.

（6）求微分方程 $y''-3y'+2y=2x\mathrm{e}^x$ 的通解.

（7）求函数 $f(x)=\displaystyle\int_1^{x^2}(x^2-t)\mathrm{e}^{-t^2}\mathrm{d}t$ 的单调区间与极值.

(8)（Ⅰ）比较 $\int_0^1 |\ln t| [\ln(1+t)]^n dt$ 与 $\int_0^1 t^n |\ln t| dt$，$n=1,2,\cdots$ 的大小，说明理由.

（Ⅱ）设 $u_n = \int_0^1 |\ln t| [\ln(1+t)]^n dt$ $(n=1,2,\cdots)$，求极限 $\lim\limits_{n\to\infty} u_n$.

(9) 求极限 $\lim\limits_{x\to 0}\left(\dfrac{\ln(1+x)}{x}\right)^{\frac{1}{e^x-1}}$.

(10) 求方程 $k\arctan x - x = 0$ 的不同实根的个数，其中 k 为参数.

(11) 证明 $x\ln\dfrac{1+x}{1-x}+\cos x\geqslant 1+\dfrac{x^2}{2}\ (-1<x<1).$

(12) 计算 $\displaystyle\int_0^1\dfrac{f(x)}{\sqrt{x}}\mathrm{d}x$，其中 $f(x)=\displaystyle\int_1^x\dfrac{\ln(t+1)}{t}\mathrm{d}t.$

(13) 设奇函数 $f(x)$ 在 $[-1,1]$ 上具有二阶导数,且 $f(1)=1$,证明:

(Ⅰ) 存在 $\xi \in (0,1)$,使得 $f'(\xi)=1$. (Ⅱ) 存在 $\eta \in (-1,1)$,使得 $f''(\eta)+f'(\eta)=1$.

(14) 求极限 $\lim\limits_{x \to +\infty} \dfrac{\displaystyle\int_1^x (t^2(\mathrm{e}^{\frac{1}{t}}-1)-t)\mathrm{d}t}{x^2\ln\left(1+\dfrac{1}{x}\right)}$.

(15) 设函数 $y=f(x)$ 由方程 $y^3+xy^2+x^2y+6=0$ 确定,求 $f(x)$ 的极值.

一、(1) A. **分析** 题设条件有明显的几何意义,用图示法求解.

解 由 $f'(x)>0$,$f''(x)>0$ 知,函数 $f(x)$ 单调增加,曲线 $y=f(x)$ 凹,作函数 $y=f(x)$ 的图形如右图所示,显然当 $\Delta x>0$ 时,$\Delta y>\mathrm{d}y=f'(x_0)\mathrm{d}x=f'(x_0)\Delta x>0$,故应选 A.

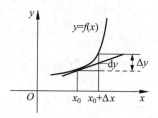

(2) B. **解** 当 $x\to 0^+$ 时,有 $1-\mathrm{e}^{\sqrt{x}}=-(\mathrm{e}^{\sqrt{x}}-1)\sim-\sqrt{x}$;$\sqrt{1+\sqrt{x}}-1\sim\frac{1}{2}\sqrt{x}$;$1-\cos\sqrt{x}\sim\frac{1}{2}(\sqrt{x})^2=\frac{1}{2}x$.利用排除法知应选 B.

本题直接找出 $\ln\dfrac{1+x}{1-\sqrt{x}}$ 的等价无穷小有些困难,但由于另三个的等价无穷小很容易得到,因此通过排除法可得到答案.事实上

$$\lim_{x\to 0^+}\frac{\ln\dfrac{1+x}{1-\sqrt{x}}}{\sqrt{x}}=\lim_{x\to 0^+}\frac{\ln(1+x)-\ln(1-\sqrt{x})}{\sqrt{x}}\overset{\text{令}\sqrt{x}=t}{=}\lim_{t\to 0^+}\frac{\ln(1+t^2)-\ln(1-t)}{t}$$

$$=\lim_{t\to 0^+}\frac{\dfrac{2t}{1+t^2}+\dfrac{1}{1-t}}{1}=\lim_{t\to 0^+}\frac{2t(1-t)+1+t^2}{(1+t^2)(1-t)}=1.$$

(3) D. **解** 因 $\lim\limits_{x\to-\infty}\left[\dfrac{1}{x}+\ln(1+\mathrm{e}^x)\right]=0$,所以 $y=0$ 为水平渐近线;又 $x=0$ 是该函数的间断点,且 $\lim\limits_{x\to 0}\left[\dfrac{1}{x}+\ln(1+\mathrm{e}^x)\right]=\infty$,所以 $x=0$ 为铅直渐近线.进一步

$$\lim_{x\to+\infty}\frac{y}{x}=\lim_{x\to+\infty}\left[\frac{1}{x^2}+\frac{\ln(1+\mathrm{e}^x)}{x}\right]=\lim_{x\to+\infty}\frac{\ln(1+\mathrm{e}^x)}{x}=\lim_{x\to+\infty}\frac{\mathrm{e}^x}{1+\mathrm{e}^x}=1,$$

$$\lim_{x\to+\infty}[y-1\cdot x]=\lim_{x\to+\infty}\left[\frac{1}{x}+\ln(1+\mathrm{e}^x)-x\right]=\lim_{x\to+\infty}[\ln(1+\mathrm{e}^x)-x]$$

$$=\lim_{x\to+\infty}[\ln\mathrm{e}^x(1+\mathrm{e}^{-x})-x]=\lim_{x\to+\infty}\ln(1+\mathrm{e}^{-x})=0,$$

所以 $y=x$ 是曲线的一条斜渐近线,故应选 D.

(4) C. **解** 根据定积分的几何意义,知 $F(2)$ 为半径是 1 的半圆面积,$F(2)=\dfrac{1}{2}\pi$,$F(3)$ 是两个半圆面积之差,即

$$F(3) = \int_0^3 f(x)\mathrm{d}x = D_1 - D_2 = \frac{1}{2}\left[\pi \cdot 1^2 - \pi \cdot \left(\frac{1}{2}\right)^2\right] = \frac{3}{8}\pi = \frac{3}{4}F(2),$$

$$F(-3) = \int_0^{-3} f(x)\mathrm{d}x = -\int_{-3}^0 f(x)\mathrm{d}x = \int_0^3 f(x)\mathrm{d}x = F(3),$$

因此应选 C.

(5) D. **解** A,B 两项中分母的极限为 0,因此分子的极限也必须为 0,均可推导出 $f(0) = 0$.

若 $\lim\limits_{x\to0}\dfrac{f(x)}{x}$ 存在,由 $f(x)$ 在 $x=0$ 处连续得 $f(0) = \lim\limits_{x\to0} f(x) = 0$.

若 $\lim\limits_{x\to0}\dfrac{f(x)+f(-x)}{x}$ 存在,由 $f(x)$ 在 $x=0$ 处连续得 $2f(0) = \lim\limits_{x\to0}[f(x)+f(-x)] = 0$,则 $f(0) = 0$.

若 $\lim\limits_{x\to0}\dfrac{f(x)}{x}$ 存在,$f'(0) = \lim\limits_{x\to0}\dfrac{f(x)-f(0)}{x-0} = \lim\limits_{x\to0}\dfrac{f(x)}{x} = 0$,可见 C 也正确,故应选 D.

(6) B. **解** $f'(x) = \ln(2+x^2) \cdot 2x = 2x\ln(2+x^2) \Rightarrow x = 0$ 为 $f'(x)$ 的零点.

又 $f''(x) = 2\ln(2+x^2) + \dfrac{4x^2}{2+x^2} > 0$,即 $f''(x)$ 恒大于零,所以 $f'(x)$ 在 $(-\infty,+\infty)$ 上是单调递增的. 又因为 $f'(0) = 0$,根据其单调性可知,$f'(x)$ 至多有一个零点.

故 $f'(x)$ 有且只有一个零点. 故应选 B.

(7) D. **解** 由 $y = C_1\mathrm{e}^x + C_2\cos2x + C_3\sin2x$,可知其特征根为 $\lambda_1 = 1, \lambda_{2,3} = \pm2\mathrm{i}$,故对应的特征值方程为

$$(\lambda - 1)(\lambda + 2\mathrm{i})(\lambda - 2\mathrm{i}) = (\lambda - 1)(\lambda^2 + 4) = \lambda^3 - \lambda^2 + 4\lambda - 4,$$

所以所求微分方程为 $y''' - y'' + 4y' - 4y = 0$. 应选 D.

(8) B. **解** 若 $\{x_n\}$ 单调,则由函数 $f(x)$ 在 $(-\infty,+\infty)$ 上单调有界知,$\{f(x_n)\}$ 单调有界,因此 $\{f(x_n)\}$ 收敛. 故应选 B.

(9) A. **解** $f(x) = x - \sin ax, g(x) = x^2\ln(1-bx)$ 为等价无穷小,则

$$\lim_{x\to0}\frac{f(x)}{g(x)} = \lim_{x\to0}\frac{x-\sin ax}{x^2\ln(1-bx)} = \lim_{x\to0}\frac{x-\sin ax}{x^2 \cdot (-bx)} = \lim_{x\to0}\frac{1-a\cos ax}{-3bx^2} = \lim_{x\to0}\frac{a^2\sin ax}{-6bx} =$$

$$\lim_{x\to0}\frac{a^2\sin ax}{-\dfrac{6b}{a} \cdot ax} = -\frac{a^3}{6b} = 1,\text{ 所以 } a^3 = -6b \quad \text{故排除 B,C.}$$

另外 $\lim\limits_{x\to0}\dfrac{1-a\cos ax}{-3bx^2}$ 存在,蕴含了 $1-a\cos ax \to 0 (x \to 0)$ 故 $a = 1$. 排除 D.

所以本题选 A.

(10) D. **解** 由 $y = f(x)$ 的图形可见,其图像与 x 轴及 y 轴、$x = x_0$ 所围的图形的代数面积为所求函数 $F(x)$,从而可得出几个方面的特征:

① $x \in [0,1]$ 时,$F(x) \leqslant 0$,且单调递减.

② $x \in [1,2]$ 时,$F(x)$ 单调递增.

③ $x \in [2,3]$ 时,$F(x)$ 为常函数.

④ $x \in [-1,0]$ 时,$F(x) \leqslant 0$ 为线性函数,单调递增.

⑤ $F(x)$ 为连续函数

结合这些特点,可见正确选项为 D.

(11) C.　**解法一**

$$\lim_{x\to\infty}\left(\frac{x^2}{(x-a)(x+b)}\right)^x = \lim_{x\to\infty}e^{x\ln\left(\frac{x^2}{(x-a)(x+b)}\right)} = \lim_{x\to\infty}e^{x\left(\frac{x^2}{(x-a)(x+b)}-1\right)}$$

$$= \lim_{x\to\infty}e^{x\left(\frac{(a-b)x+ab}{(x-a)(x+b)}\right)} = \lim_{x\to\infty}e^{\frac{(a-b)x^2+abx}{(x-a)(x+b)}} = e^{a-b}.$$

解法二

$$\lim_{x\to\infty}\left(\frac{x^2}{(x-a)(x+b)}\right)^x = \lim_{x\to\infty}\left(1+\frac{x^2-(x-a)(x+b)}{(x-a)(x+b)}\right)^x$$

$$= \lim_{x\to\infty}\left(1+\frac{(a-b)x+ab}{(x-a)(x+b)}\right)^x$$

$$= \lim_{x\to\infty}\left(1+\frac{(a-b)x+ab}{(x-a)(x+b)}\right)^{\frac{(x-a)(x+b)}{(a-b)x+ab}\cdot\frac{(a-b)x+ab}{(x-a)(x+b)}x}$$

$$= e^{\lim_{x\to\infty}\frac{(a-b)x+ab}{(x-a)(x+b)}x} = e^{a-b}.$$

(12) D.　**解**　显然 $x=0, x=1$ 是两个瑕点,有 $\int_0^1\frac{\sqrt[m]{\ln^2(1-x)}}{\sqrt[n]{x}}\mathrm{d}x = \int_0^{\frac{1}{2}}\frac{\sqrt[m]{\ln^2(1-x)}}{\sqrt[n]{x}}\mathrm{d}x +$

$\int_{\frac{1}{2}}^1\frac{\sqrt[m]{\ln^2(1-x)}}{\sqrt[n]{x}}\mathrm{d}x.$

对于瑕点 $x=0$,当 $x\to0^+$ 时 $\frac{\sqrt[m]{\ln^2(1-x)}}{\sqrt[n]{x}} = \ln^{\frac{2}{m}}(1-x)x^{-\frac{1}{n}}$ 等价于 $(-1)^{\frac{2}{m}}x^{\frac{2}{m}-\frac{1}{n}}$,而

$\int_0^{\frac{1}{2}}x^{\frac{2}{m}-\frac{1}{n}}\mathrm{d}x$ 收敛(因 m, n 是正整数 $\Rightarrow \frac{2}{m}-\frac{1}{n}>-1$),故 $\int_0^{\frac{1}{2}}\frac{\sqrt[m]{\ln^2(1-x)}}{\sqrt[n]{x}}\mathrm{d}x$ 收敛;

对于瑕点 $x=1$,当 $x\in(1-\delta,1)$ $\left(0<\delta<\frac{1}{2}\right)$ 时 $\frac{\sqrt[m]{\ln^2(1-x)}}{\sqrt[n]{x}} < 2^{\frac{1}{n}}\ln^{\frac{2}{m}}(1-x) <$

$2^{\frac{1}{n}}(1-x)^{\frac{2}{m}}$,而 $\int_{\frac{1}{2}}^1(1-x)^{\frac{2}{m}}\mathrm{d}x$ 显然收敛,故 $\int_{\frac{1}{2}}^1\frac{\sqrt[m]{\ln^2(1-x)}}{\sqrt[n]{x}}\mathrm{d}x$ 收敛.

(13) C.　**解**　由 $y=(x-1)(x-2)^2(x-3)^3(x-4)^4$ 可知,1,2,3,4 分别是 $(x-1)(x-2)^2(x-3)^3(x-4)^4=0$ 的一、二、三、四重根,故由导数与原函数之间的关系可知 $y'(1)\neq0, y'(2)=y'(3)=y'(4)=0, y''(2)\neq0, y''(3)=y''(4)=0, y'''(3)\neq0, y'''(4)=0$,故 $(3,0)$ 是曲线 $y=(x-1)(x-2)^2(x-3)^3(x-4)^4$ 的一个拐点.

(14) B.　**解**　当 $x\in\left(0,\frac{\pi}{4}\right)$ 时,$0<\sin x<\frac{\sqrt{2}}{2}<\cos x<\cot x$,因此 $\ln\sin x<\ln\cos x<$

$\ln\cot x$,故 $\int_0^{\frac{\pi}{4}}\ln\sin x\mathrm{d}x < \int_0^{\frac{\pi}{4}}\ln\cos x\mathrm{d}x < \int_0^{\frac{\pi}{4}}\ln\cot x\mathrm{d}x$,即 $I<K<J$.

(15) C.　**解**　因 $\lim_{x\to\infty}\frac{x^2+x}{x^2-1} = \lim_{x\to\infty}\frac{1+\frac{1}{x}}{1-\frac{1}{x^2}}=1$,可知有一条水平渐近线 $y=1$. 又

$$\lim_{x \to 1} \frac{x^2+x}{x^2-1} = \frac{2}{\lim\limits_{x \to 1}(x^2-1)} = \infty,$$ 可知有一条铅直渐近线 $x=1$.

另 $\lim\limits_{x \to -1} \dfrac{x^2+x}{x^2-1} = \lim\limits_{x \to -1} \dfrac{x(1+x)}{(x-1)(x+1)} = \lim\limits_{x \to -1} \dfrac{x}{x-1} = \dfrac{1}{2}$，可得 $x=-1$ 不是铅直渐近线. 选 C.

(16) A. **解** 因 $y(0)=(1-1)(1-2)\cdots(1-n)=0$，则

$$y'(0) = \lim_{x \to 0} \frac{y(x)-y(0)}{x-0} = \lim_{x \to 0} \frac{(e^x-1)(e^{2x}-2)\cdots(e^{nx}-n)}{x}$$

$$= \lim_{x \to 0} \frac{x(e^{2x}-2)\cdots(e^{nx}-n)}{x}$$

$$= (1-2)\cdots(1-n) = (-1)^{n-1}(n-1)!. \ 选 A.$$

(17) A. **解** 令 $f(t)=\displaystyle\int_0^t e^{x^2}\sin x \, dx, t \in (0,\pi)$，则 $f'(t)=e^{t^2}\sin t \geq 0$，可得 $f(t)$ 在 $(0,\pi)$ 上严格单调增加，可得 $f(1)<f(2)<f(3)$. 选 A.

(18) D. **解** 用洛必达法则有 $\lim\limits_{x \to 0} \dfrac{x-\arctan x}{x^k} = \lim\limits_{x \to 0} \dfrac{1-\dfrac{1}{1+x^2}}{kx^{k-1}} = \lim\limits_{x \to 0} \dfrac{1+x^2-1}{kx^{k-1}(1+x^2)} = \dfrac{1}{k}\lim\limits_{x \to 0} \dfrac{x^2}{x^{k-1}} = c$，因此 $k-1=2, c=\dfrac{1}{k}$，即 $k=3, c=\dfrac{1}{3}$. 选 D.

(19) C. **解** 只要判断哪个曲线有斜渐近线即可.

对于 $y=x+\sin\dfrac{1}{x}$，可知 $\lim\limits_{x \to \infty} \dfrac{y}{x} = 1$ 且 $\lim\limits_{x \to \infty}(y-x) = \lim\limits_{x \to \infty}\sin\dfrac{1}{x} = 0$，所以有斜渐近线 $y=x$. 选 C.

(20) C. **解法一** 因为如果对区间 $[0,1]$ 上任意两点 x_1, x_2 及常数 $0 \leq \lambda \leq 1$，恒有 $f((1-\lambda)x_1+\lambda x_2) \geq (1-\lambda)f(x_1)+\lambda f(x_2)$，则曲线 $f(x)$ 在区间 $[0,1]$ 上是凸的.

显然此题中 $x_1=0, x_2=1, \lambda=x$，则 $(1-\lambda)f(x_1)+\lambda f(x_2)=f(0)(1-x)+f(1)x = g(x)$，而 $f((1-\lambda)x_1+\lambda x_2)=f(x)$，故当 $f''(x) \leq 0$ 时，曲线 $f(x)$ 是凸的，即 $f((1-\lambda)x_1+\lambda x_2) \geq (1-\lambda)f(x_1)+\lambda f(x_2)$，也就是 $f(x) \geq g(x)$. 选 C.

解法二 令 $F(x)=f(x)-g(x)=f(x)-f(0)(1-x)-f(1)x$，则 $F(0)=F(1)=0$，且 $F''(x)=f''(x)$，故当 $f''(x) \leq 0$ 时，$F''(x) \leq 0$，曲线 $F(x)$ 是凸的，从而 $F(x) \geq F(0)=F(1)=0$，即 $F(x)=f(x)-g(x) \geq 0$，也就是 $f(x) \geq g(x)$. 选 C.

(21) A. **解** 注意 $\displaystyle\int_{-\pi}^{\pi} x^2 \, dx = \dfrac{2}{3}\pi^3, \int_{-\pi}^{\pi} \cos^2 x \, dx = \int_{-\pi}^{\pi} \sin^2 x \, dx = \pi, \int_{-\pi}^{\pi} x\cos x \, dx = \int_{-\pi}^{\pi} \cos x \sin x \, dx = 0, \int_{-\pi}^{\pi} x\sin x \, dx = 2\pi$，所以 $\displaystyle\int_{-\pi}^{\pi}(x-a\cos x-b\sin x)^2 \, dx = \dfrac{2}{3}\pi^3 + \pi(a^2+b^2)-4\pi b$，就相当于求函数 a^2+b^2-4b 的极小值点，显然可知当 $a=0, b=2$ 时取得最小值. 选 A.

二、(1) 2. **分析**：本题为 $\dfrac{0}{0}$ 型未定式的求解，利用等价无穷小代换即可.

解 $\lim\limits_{x\to 0}\dfrac{x\ln(1+x)}{1-\cos x}=\lim\limits_{x\to 0}\dfrac{x\cdot x}{\frac{1}{2}x^2}=2.$

(2) $y=Cx\mathrm{e}^{-x}$ (C 是任意常数). 分析:本方程为可分离变量型,先分离变量,然后两边积分即可.

解 原方程等价为 $\dfrac{\mathrm{d}y}{y}=\left(\dfrac{1}{x}-1\right)\mathrm{d}x$,两边积分得 $\ln y=\ln x-x+C_1$,整理得 $y=Cx\mathrm{e}^{-x}$ ($C=\mathrm{e}^{C_1}$).

(3) $\dfrac{1}{2}\mathrm{e}^{\frac{1}{2}}.$

解 $\displaystyle\int_1^2\dfrac{1}{x^3}\mathrm{e}^{\frac{1}{x}}\mathrm{d}x \xlongequal{\diamondsuit\frac{1}{x}=t}\int_1^{\frac{1}{2}}t^3\mathrm{e}^t\left(-\dfrac{1}{t^2}\right)\mathrm{d}t=\int_{\frac{1}{2}}^1 t\mathrm{e}^t\mathrm{d}t=\int_{\frac{1}{2}}^1 t\mathrm{d}\mathrm{e}^t=t\mathrm{e}^t\Big|_{\frac{1}{2}}^1-\int_{\frac{1}{2}}^1\mathrm{e}^t\mathrm{d}t=\dfrac{1}{2}\mathrm{e}^{\frac{1}{2}}.$

(4) $y=C_1\mathrm{e}^x+C_2\mathrm{e}^{3x}-2\mathrm{e}^{2x}.$

解 齐次线性微分方程 $y''-4y'+3y=0$ 的特征方程为 $\lambda^2-4\lambda+3=0$,解得 $\lambda_1=1$,$\lambda_2=3$. 所以它的通解为 $y=C_1\mathrm{e}^x+C_2\mathrm{e}^{3x}$.

设非齐次线性微分方程 $y''-4y'+3y=2\mathrm{e}^{2x}$ 的特解为 $y^*=A\mathrm{e}^{2x}$,代入非齐次线性微分方程可得 $4A-8A+3A=2$,即 $A=-2$. 故通解为 $y=C_1\mathrm{e}^x+C_2\mathrm{e}^{3x}-2\mathrm{e}^{2x}$.

(5) $y=\dfrac{1}{x}.$

解 由 $\dfrac{\mathrm{d}y}{\mathrm{d}x}=-\dfrac{y}{x}$,得 $\dfrac{\mathrm{d}y}{y}=-\dfrac{\mathrm{d}x}{x}$.两边积分,得 $\ln|y|=-\ln|x|+c$.代入条件 $y(1)=1$,得 $c=0$.所以 $y=\dfrac{1}{x}$.

(6) $y=-x\mathrm{e}^x+x+2.$

解 由常系数齐次线性微分方程 $y''+ay'+by=0$ 的通解为 $y=(C_1+C_2x)\mathrm{e}^x$ 可知 $y_1=\mathrm{e}^x$,$y_2=x\mathrm{e}^x$ 为其线性无关解.代入齐次方程,有

$$y_1''+ay_1'+by_1=(1+a+b)\mathrm{e}^x=0\Rightarrow 1+a+b=0,$$
$$y_2''+ay_2'+by_2=[2+a+(a+1+b)x]\mathrm{e}^x=0\Rightarrow 2+a=0.$$

从而可见 $a=-2,b=1$.微分方程为 $y''-2y'+y=x$.

设特解 $y^*=Ax+B$ 代入微分方程得,$-2A+Ax+B=x$,故 $A=1,B=2$,所以 $y^*=x+2$,于是 $y=(c_1+c_2x)\mathrm{e}^x+x+2$.

把 $y(0)=2,y'(0)=0$ 代入,得 $c_1=0,c_2=-1$,所以 $y=-x\mathrm{e}^x+x+2$.

(7) 0.

解 $\dfrac{\mathrm{d}y}{\mathrm{d}x}=\dfrac{y'(t)}{x'(t)}=\dfrac{\ln(1+t^2)}{-\mathrm{e}^{-t}}\Rightarrow\dfrac{\mathrm{d}^2y}{\mathrm{d}x^2}=\dfrac{\mathrm{d}}{\mathrm{d}x}\left(\dfrac{\mathrm{d}y}{\mathrm{d}x}\right)=\dfrac{\mathrm{d}}{\mathrm{d}t}\left(\dfrac{\mathrm{d}y}{\mathrm{d}x}\right)\dfrac{\mathrm{d}t}{\mathrm{d}x}=\left(\dfrac{\ln(1+t^2)}{-\mathrm{e}^{-t}}\right)'\dfrac{1}{x'(t)}$

$$=-\dfrac{\dfrac{2t}{1+t^2}\mathrm{e}^{-t}+\ln(1+t^2)\mathrm{e}^{-t}}{(\mathrm{e}^{-t})^2}\dfrac{1}{-\mathrm{e}^{-t}}=\mathrm{e}^{2t}\left[\dfrac{2t}{1+t^2}+\ln(1+t^2)\right]\Rightarrow\dfrac{\mathrm{d}^2y}{\mathrm{d}^2x}\Big|_{t=0}=0.$$

(8) $-4\pi.$

解　令 $\sqrt{x}=t$，则 $x=t^2$，$\mathrm{d}x=2t\,\mathrm{d}t$，原式 $=\displaystyle\int_0^{\pi^2}\sqrt{x}\cos\sqrt{x}\,\mathrm{d}x=2\int_0^{\pi}t^2\cos t\,\mathrm{d}t=$

$2\left(t^2\sin t\,\Big|_0^{\pi}-\displaystyle\int_0^{\pi}2t\sin t\,\mathrm{d}t\right)=-4\int_0^{\pi}t\sin t\,\mathrm{d}t=4\left(t\cos t\,\Big|_0^{\pi}-\displaystyle\int_0^{\pi}\cos t\,\mathrm{d}t\right)=-4\pi.$

(9) $y=\mathrm{e}^{-x}\sin x$.

解　原方程通解为 $y=\mathrm{e}^{-\int 1\mathrm{d}x}\left[\displaystyle\int \mathrm{e}^{-x}\cos x\,\mathrm{e}^{\int 1\mathrm{d}x}\,\mathrm{d}x+C\right]=\mathrm{e}^{-x}\left[\displaystyle\int\cos x\,\mathrm{d}x+C\right]=\mathrm{e}^{-x}[\sin x+C]$，
由条件 $y(0)=0$ 得 $C=0$，故所求解为 $y=\mathrm{e}^{-x}\sin x$.

(10) e^x.

解　$f''(x)+f'(x)-2f(x)=0$ 的特征方程为 $r^2+r-2=0$ 解得 $r_1=1,r_2=-2$，可
得通解为 $f(x)=C_1\mathrm{e}^x+C_2\mathrm{e}^{-2x}$，代入 $f''(x)+f(x)=2\mathrm{e}^x$ 得 $2C_1\mathrm{e}^x-C_2\mathrm{e}^{-2x}=2\mathrm{e}^x$，可得
$C_1=1,C_2=0$. 故 $f(x)=\mathrm{e}^x$.

(11) $\dfrac{\pi}{2}$.

解　$\displaystyle\int_0^2 x\sqrt{2x-x^2}\,\mathrm{d}x=\int_0^2 x\sqrt{1-(x-1)^2}\,\mathrm{d}x$，令 $t=x-1$，可得

$$\int_0^2 x\sqrt{2x-x^2}\,\mathrm{d}x=\int_{-1}^1 (t+1)\sqrt{1-t^2}\,\mathrm{d}t.$$

由对称性得 $\displaystyle\int_0^2 x\sqrt{2x-x^2}\,\mathrm{d}x=2\int_0^1\sqrt{1-t^2}\,\mathrm{d}t$. 再令 $t=\sin u$ 可得

$$\int_0^2 x\sqrt{2x-x^2}\,\mathrm{d}x=2\int_0^{\frac{\pi}{2}}\cos^2 u\,\mathrm{d}u=2\cdot\frac{1}{2}\cdot\frac{\pi}{2}=\frac{\pi}{2}.$$

(12) $y=C_1\mathrm{e}^{3x}+C_2\mathrm{e}^x-x\mathrm{e}^{2x}$.

解　由题目可知 $y_1-y_3=\mathrm{e}^{3x}$ 和 $y_2-y_3=\mathrm{e}^x$ 是二阶常系数非齐次线性微分方程对应
的齐次方程的两个线性无关解，故对应的齐次方程的通解为 $Y=C_1\mathrm{e}^{3x}+C_2\mathrm{e}^x$，进而二阶常
系数非齐次线性微分方程的通解为 $y=C_1\mathrm{e}^{3x}+C_2\mathrm{e}^x-x\mathrm{e}^{2x}$.

(13) $\sqrt{2}$.

解　$\dfrac{\mathrm{d}y}{\mathrm{d}x}=\dfrac{\dfrac{\mathrm{d}y}{\mathrm{d}t}}{\dfrac{\mathrm{d}x}{\mathrm{d}t}}=\dfrac{\sin t+t\cos t-\sin t}{\cos t}=\dfrac{t\cos t}{\cos t}=t,\ \dfrac{\mathrm{d}^2 y}{\mathrm{d}x^2}\Big|_{t=\frac{\pi}{4}}=1\cdot\dfrac{1}{\cos t}\Big|_{t=\frac{\pi}{4}}=\sqrt{2}$

(14) $\ln 2$.

解　$\displaystyle\int_1^{+\infty}\frac{\ln x}{(1+x)^2}\,\mathrm{d}x=-\int_1^{+\infty}\ln x\,\mathrm{d}\frac{1}{1+x}=-\frac{\ln x}{1+x}\Big|_1^{+\infty}+\int_1^{+\infty}\frac{1}{x(1+x)}\,\mathrm{d}x$

$\qquad\qquad=0+\displaystyle\int_1^{+\infty}\left(\frac{1}{x}-\frac{1}{1+x}\right)\mathrm{d}x=\ln\frac{x}{1+x}\Big|_1^{+\infty}=\ln 2.$

(15) 1.

解　当 $x\in[0,2]$ 时，$f(x)=\displaystyle\int 2(x-1)\,\mathrm{d}x=x^2-2x+C$，由 $f(0)=0$ 可知 $C=0$，即
$f(x)=x^2-2x$.

又 $f(x)$ 是周期为 4 的奇函数，故 $f(7)=f(-1)=-f(1)=1$.

(16) $y = x \mathrm{e}^{2x+1}$.

解　方程的标准形式为 $\dfrac{\mathrm{d}y}{\mathrm{d}x} = \dfrac{y}{x} \ln \dfrac{y}{x}$,这是一个齐次型方程,设 $u = \dfrac{y}{x}$,得到通解为 $y = x \mathrm{e}^{Cx+1}$,将初始条件 $y(1) = \mathrm{e}^3$ 代入可得特解为 $y = x \mathrm{e}^{2x+1}$.

三、(1) 分析:一般利用单调增加有上界或单调减少有下界数列必有极限的准则来证明数列极限的存在性.(Ⅱ)的计算需利用(Ⅰ)的结果.

解　(Ⅰ) 因为 $0 < x_1 < \pi$,则 $0 < x_2 = \sin x_1 \leqslant 1 < \pi$.可推得 $0 < x_{n+1} = \sin x_n \leqslant 1 < \pi, n = 1$, $2, \cdots$,则数列 $\{x_n\}$ 有界.于是 $\dfrac{x_{n+1}}{x_n} = \dfrac{\sin x_n}{x_n} < 1$(因当 $x > 0$ 时,$\sin x < x$),则有 $x_{n+1} < x_n$,可见数列 $\{x_n\}$ 单调减少,故由单调减少有下界数列必有极限知 $\lim\limits_{n \to \infty} x_n$ 存在.

设 $\lim\limits_{n \to \infty} x_n = l$,在 $x_{n+1} = \sin x_n$ 两边令 $n \to \infty$,得 $l = \sin l$,解得 $l = 0$,即 $\lim\limits_{n \to \infty} x_n = 0$.

(Ⅱ) 因 $\lim\limits_{n \to \infty} \left(\dfrac{x_{n+1}}{x_n} \right)^{\frac{1}{x_n^2}} = \lim\limits_{n \to \infty} \left(\dfrac{\sin x_n}{x_n} \right)^{\frac{1}{x_n^2}}$,由(Ⅰ)知该极限为 1^{∞} 型未定式.

令 $t = x_n$,则 $n \to \infty, t \to 0$,而

$$\lim_{t \to 0} \left(\dfrac{\sin t}{t} \right)^{\frac{1}{t^2}} = \lim_{t \to 0} \left(1 + \dfrac{\sin t}{t} - 1 \right)^{\frac{1}{t^2}} = \lim_{t \to 0} \left[\left(1 + \dfrac{\sin t}{t} - 1 \right)^{\frac{1}{\frac{\sin t}{t} - 1}} \right]^{\frac{1}{t^2} \cdot \frac{\frac{\sin t}{t} - 1}{1}},$$

又 $\lim\limits_{t \to 0} \dfrac{1}{t^2} \left(\dfrac{\sin t}{t} - 1 \right) = \lim\limits_{t \to 0} \dfrac{\sin t - t}{t^3} = \lim\limits_{t \to 0} \dfrac{\cos t - 1}{3t^2} = \lim\limits_{t \to 0} \dfrac{-\sin t}{6t} = -\dfrac{1}{6}$,

故 $\lim\limits_{n \to \infty} \left(\dfrac{x_{n+1}}{x_n} \right)^{\frac{1}{x_n^2}} = \lim\limits_{n \to \infty} \left(\dfrac{\sin x_n}{x_n} \right)^{\frac{1}{x_n^2}} = \mathrm{e}^{-\frac{1}{6}}$.

(2) 证明:构造辅助函数 $F(x) = f(x) - g(x)$,则由题设有 $F(a) = F(b) = 0$.又 $f(x), g(x)$ 在 (a, b) 内具有相等的最大值,不妨设存在 $x_1 \leqslant x_2, x_1, x_2 \in (a, b)$ 使得

$$f(x_1) = M = \max_{[a, b]} f(x), \quad g(x_2) = M = \max_{[a, b]} g(x),$$

若 $x_1 = x_2$,令 $c = x_1$,则 $F(c) = 0$.

若 $x_1 < x_2$,因 $F(x_1) = f(x_1) - g(x_1) = M - g(x_1) \geqslant 0, F(x_2) = f(x_2) - g(x_2) = f(x_2) - M \leqslant 0$,所以,由连续函数零点定理知,存在 $c \in [x_1, x_2] \subset (a, b)$,使 $F(c) = 0$.

对 $F(x)$ 在区间 $[a, c], [c, b]$ 上分别利用罗尔定理知,存在 $\xi_1 \in (a, c), \xi_2 \in (c, b)$,使得

$$F'(\xi_1) = F'(\xi_2) = 0.$$

再对 $F'(x)$ 在区间 $[\xi_1, \xi_2]$ 上应用罗尔定理,知存在 $\xi \in (\xi_1, \xi_2) \subset (a, b)$,有 $F''(\xi) = 0$,即 $f''(\xi) = g''(\xi)$.

(3) **解法一**

$$\lim_{x \to 0} \dfrac{[\sin x - \sin(\sin x)] \sin x}{x^4} = \lim_{x \to 0} \dfrac{[\sin x - \sin(\sin x)]}{x^3} = \lim_{x \to 0} \dfrac{\cos x - \cos(\sin x) \cos x}{3x^2}$$

$$= \lim_{x \to 0} \dfrac{1 - \cos(\sin x)}{3x^2} = \lim_{x \to 0} \dfrac{\sin(\sin x) \cos x}{6x} \bigg(或$$

$$= \lim_{x \to 0} \frac{\frac{1}{2}(\sin x)^2}{3x^2}, 或 = \lim_{x \to 0} \frac{\frac{1}{2}\sin^2 x + o(\sin^2 x)}{3x^2}\Bigg)$$

$$= \frac{1}{6}.$$

解法二

$$\lim_{x \to 0} \frac{[\sin x - \sin(\sin x)]\sin x}{x^4} = \lim_{x \to 0} \frac{[\sin x - \sin(\sin x)]\sin x}{\sin^4 x} = \lim_{t \to 0} \frac{t - \sin t}{t^3} = \lim_{t \to 0} \frac{1 - \cos t}{3t^2}$$

$$= \lim_{t \to 0} \frac{\frac{t^2}{2}}{3t^2} \left(或 = \lim_{t \to 0} \frac{\sin t}{6t}\right) = \frac{1}{6}.$$

(4)（Ⅰ）证明：$F'(x) = \lim_{\Delta x \to 0} \frac{F(x + \Delta x) - F(x)}{\Delta x} = \lim_{\Delta x \to 0} \frac{\int_0^{x + \Delta x} f(t)dt - \int_0^x f(t)dt}{\Delta x}$

$$= \lim_{\Delta x \to 0} \frac{\int_x^{x + \Delta x} f(t)dt}{\Delta x} = \lim_{\Delta x \to 0} \frac{f(\xi)\Delta x}{\Delta x} = \lim_{\Delta x \to 0} f(\xi) = f(x).$$

注：不能利用洛必达法则得到 $\lim_{\Delta x \to 0} \dfrac{\int_x^{x + \Delta x} f(t)dt}{\Delta x} = \lim_{\Delta x \to 0} \dfrac{f(x + \Delta x)}{\Delta x}$.

（Ⅱ）**证法一** 根据题设，有

$$G'(x + 2) = \left[2\int_0^{x+2} f(t)dt - (x + 2)\int_0^2 f(t)dt\right]' = 2f(x + 2) - \int_0^2 f(t)dt,$$

$$G'(x) = \left[2\int_0^x f(t)dt - x\int_0^2 f(t)dt\right]' = 2f(x) - \int_0^2 f(t)dt.$$

当 $f(x)$ 是以 2 为周期的周期函数时，$f(x + 2) = f(x)$. 从而 $G'(x + 2) = G'(x)$. 因而 $G(x + 2) - G(x) = C$.

取 $x = 0$，得 $C = G(0 + 2) - G(0) = 0$，故 $G(x + 2) - G(x) = 0$，即 $G(x) = 2\int_0^x f(t)dt -$

$x\int_0^2 f(t)dt$ 是以 2 为周期的周期函数.

证法二 根据题设，有

$$G(x + 2) = 2\int_0^{x+2} f(t)dt - (x + 2)\int_0^2 f(t)dt$$

$$= 2\int_0^2 f(t)dt + 2\int_2^{x+2} f(t)dt - x\int_0^2 f(t)dt - 2\int_0^2 f(t)dt$$

$$= 2\int_2^{x+2} f(t)dt - x\int_0^2 f(t)dt.$$

对于 $\int_2^{x+2} f(t)dt$，作换元 $t = u + 2$，并注意到 $f(u + 2) = f(u)$，则有 $\int_2^{x+2} f(t)dt =$

$\int_0^x f(u + 2)du = \int_0^x f(u)du = \int_0^x f(t)dt.$

于是

$$G(x + 2) = 2\int_0^x f(t)dt - x\int_0^2 f(t)dt = G(x)，即 G(x) = 2\int_0^x f(t)dt - x\int_0^2 f(t)dt 是以$$

2 为周期的周期函数.

证法三 根据题设,有

$$G(x+2) = 2\int_0^{x+2} f(t)dt - (x+2)\int_0^2 f(t)dt$$

$$= 2\int_0^x f(t)dt + 2\int_x^{x+2} f(t)dt - x\int_0^2 f(t)dt - 2\int_0^2 f(t)dt$$

$$= 2\int_0^x f(t)dt - x\int_0^2 f(t)dt + 2\int_x^{x+2} f(t)dt - 2\int_0^2 f(t)dt$$

$$= G(x) + 2\left(\int_x^{x+2} f(t)dt - \int_0^2 f(t)dt\right).$$

当 $f(x)$ 是以 2 为周期的周期函数时,必有 $\int_x^{x+2} f(t)dt = \int_0^2 f(t)dt$.

事实上,$\dfrac{d\left(\int_x^{x+2} f(t)dt\right)}{dx} = f(x+2) - f(x) = 0$,所以 $\int_x^{x+2} f(t)dt \equiv C$. 取 $x=0$ 得,$C \equiv \int_0^{0+2} f(t)dt = \int_0^2 f(t)dt$. 所以 $G(x+2) = 2\int_0^x f(t)dt - x\int_0^2 f(t)dt = G(x)$,即 $G(x) = 2\int_0^x f(t)dt - x\int_0^2 f(t)dt$ 是以 2 为周期的周期函数.

(5) 证明:(Ⅰ) 作辅助函数 $\varphi(x) = f(x) - f(a) - \dfrac{f(b)-f(a)}{b-a}(x-a)$,易验证 $\varphi(x)$ 满足:

$\varphi(a) = \varphi(b)$;$\varphi(x)$ 在闭区间 $[a,b]$ 上连续,在开区间 (a,b) 内可导,且 $\varphi'(x) = f'(x) - \dfrac{f(b)-f(a)}{b-a}$.

根据罗尔定理,可得在 (a,b) 内至少有一点 ξ,使 $\varphi'(\xi) = 0$,即 $f'(\xi) - \dfrac{f(b)-f(a)}{b-a} = 0$,所以 $f(b) - f(a) = f'(\xi)(b-a)$.

(Ⅱ) 任取 $x_0 \in (0,\delta)$,则函数 $f(x)$ 在闭区间 $[0,x_0]$ 上连续,在开区间 $(0,x_0)$ 内可导,从而由拉格朗日中值定理可得:存在 $\xi_{x_0} \in (0,x_0) \subset (0,\delta)$,使得

$$f'(\xi_{x_0}) = \frac{f(x_0)-f(0)}{x_0-0}. \quad \cdots\cdots(*)$$

又由于 $\lim\limits_{x \to 0^+} f'(x) = A$,对式 $(*)$ 两边取 $x_0 \to 0^+$ 时的极限可得:$f'_+(0) = \lim\limits_{x_0 \to 0^+} \dfrac{f(x_0)-f(0)}{x_0-0} = \lim\limits_{x_0 \to 0^+} f'(\xi_{x_0}) = \lim\limits_{\xi_{x_0} \to 0^+} f'(\xi_{x_0}) = A$,故 $f'_+(0)$ 存在,且 $f'_+(0) = A$.

(6) **解** 对应的齐次方程 $y'' - 3y' + 2y = 0$ 的特征方程为 $r^2 - 3r + 2 = 0$,由此得 $r_1 = 2$,$r_2 = 1$. 因此对应的齐次方程的通解为 $Y = C_1 e^{2x} + C_2 e^x$.

设非齐次线性微分方程的特解为 $y^* = (ax+b)x e^x$,则

$$y^{*'} = [ax^2 + (2a+b)x + b]e^x, \quad y^{*''} = [ax^2 + (4a+b)x + 2a+2b]e^x.$$

代入原方程得 $a = -1, b = -2$,从而所求解为 $y = C_1 e^{2x} + C_2 e^x - x(x+2)e^x$.

(7) **解** 由 $f'(x) = 2x\int_1^{x^2} e^{-t^2} dt = 0$,可得 $x = 0, \pm 1$. 列表讨论如下:

x	$(-\infty,-1)$	-1	$(-1,0)$	0	$(0,1)$	1	$(1,+\infty)$
$f'(x)$	$-$	0	$+$	0	$-$	0	$+$
$f(x)$	减	极小值	增	极大值	减	极小值	增

因此,$f(x)$ 的单调增加区间为 $(-1,0)$ 及 $(1,+\infty)$,单调减少区间为 $(-\infty,-1)$ 及 $(0,1)$;极小值为 $f(1)=f(-1)=0$,极大值为 $f(0)=\int_0^1 t\mathrm{e}^{-t^2}\mathrm{d}t=\dfrac{1}{2}(1-\mathrm{e}^{-1})$.

(8) **解** （Ⅰ）令 $f(t)=\ln(1+t)-t$,则:当 $0\leqslant t\leqslant 1$ 时,$f'(t)=\dfrac{1}{1+t}-1\leqslant 0$,故当 $0\leqslant t\leqslant 1$ 时 $f(t)\leqslant f(0)=0$,即当 $0\leqslant t\leqslant 1$ 时,$0\leqslant \ln(1+t)\leqslant t\leqslant 1$,从而 $[\ln(1+t)]^n\leqslant t^n$ $(n=1,2,\cdots)$.又由 $|\ln t|\geqslant 0$ 得 $\int_0^1 |\ln t|\,[\ln(1+t)]^n\mathrm{d}t\leqslant \int_0^1 t^n|\ln t|\mathrm{d}t$ $(n=1,2,\cdots)$.

（Ⅱ）**证法一** 由（Ⅰ）知,$0\leqslant u_n=\int_0^1 |\ln t|\,[\ln(1+t)]^n\mathrm{d}t\leqslant \int_0^1 t^n|\ln t|\mathrm{d}t$,因为

$$\int_0^1 t^n|\ln t|\mathrm{d}t=-\int_0^1 t^n(\ln t)\mathrm{d}t=-(\ln t)\frac{1}{n+1}t^{n+1}\Big|_0^1+\int_0^1 \frac{1}{n+1}t^n\mathrm{d}t=\frac{1}{(n+1)^2},$$

所以 $\lim\limits_{n\to\infty}\int_0^1 t^n|\ln t|\mathrm{d}t=\lim\limits_{x\to\infty}\dfrac{1}{(n+1)^2}=0$,由夹逼准则得 $\lim\limits_{n\to\infty}\int_0^1 |\ln t|\,[\ln(1+t)]^n\mathrm{d}t=0$.

证法二 由（Ⅰ）知,$0\leqslant [\ln(1+t)]^n\leqslant t^n$.又因为 $\lim\limits_{t\to 0}t|\ln t|=0$,所以 $\exists M$,$0\leqslant t|\ln t|<M,\forall t\in[0,1]$.

所以 $0\leqslant u_n=\int_0^1 |\ln t|\,[\ln(1+t)]^n\mathrm{d}t\leqslant M\int_0^1 t^{n-1}\mathrm{d}t=\dfrac{M}{n},n=2,3,\cdots,0\leqslant u_n=\int_0^1 |\ln t|\,[\ln(1+t)]^n\mathrm{d}t\leqslant \dfrac{M}{n}.$

因为 $\lim\limits_{n\to\infty}\dfrac{M}{n}=0$,所以 $\lim\limits_{n\to\infty}u_n=0$.

(9) **解** 原式 $=\lim\limits_{x\to 0}\left[\left(1+\dfrac{\ln(1+x)-x}{x}\right)^{\frac{x}{\ln(1+x)-x}}\right]^{\frac{1}{\mathrm{e}^x-1}\frac{\ln(1+x)-x}{x}}=\mathrm{e}^{\lim\limits_{x\to 0}\frac{\ln(1+x)-x}{x(\mathrm{e}^x-1)}}=\mathrm{e}^{\lim\limits_{x\to 0}\frac{\ln(1+x)-x}{x^2}}=$

$\mathrm{e}^{\lim\limits_{x\to 0}\frac{\frac{1}{1+x}-1}{2x}}=\mathrm{e}^{\frac{1}{2}\lim\limits_{x\to 0}\frac{-1}{x+1}}=\mathrm{e}^{-\frac{1}{2}}$.

(10) **解** 令 $f(x)=k\arctan x-x$,则 $f'(x)=\dfrac{k-1-x^2}{1+x^2}$.

① 当 $k-1\leqslant 0$,即 $k\leqslant 1$ 时,$f'(x)\leqslant 0$（除去可能一点外 $f'(x)<0$）,所以 $f(x)$ 单调减少.又因为 $\lim\limits_{x\to -\infty}f(x)=+\infty$,$\lim\limits_{x\to +\infty}f(x)=-\infty$,所以方程只有一个根.

② 当 $k-1>0$,即 $k>1$ 时,由 $f'(x)=0$ 得 $x=\pm\sqrt{k-1}$,当 $x\in(-\infty,-\sqrt{k-1})$ 时,$f'(x)<0$,当 $x\in(-\sqrt{k-1},\sqrt{k-1})$ 时 $f'(x)>0$,当 $x\in(\sqrt{k-1},+\infty)$ 时,$f'(x)<0$,所以 $x=-\sqrt{k-1}$ 为极小值点,$x=\sqrt{k-1}$ 为极大值点.极小值为 $-k\arctan\sqrt{k-1}+\sqrt{k-1}$,极大值为 $k\arctan\sqrt{k-1}-\sqrt{k-1}$.

令 $\sqrt{k-1}=t$,当 $k>1$ 时,$t>0$,则 $g(t)=k\arctan\sqrt{k-1}-\sqrt{k-1}=(1+t^2)\arctan t-t$,显然 $g(0)=0$,因为 $g'(t)=2t\arctan t>0$,所以 $g(t)>g(0)=0(t>0)$,即

极小值 $-k\arctan\sqrt{k-1}+\sqrt{k-1}<0$，极大值 $k\arctan\sqrt{k-1}-\sqrt{k-1}>0$.

又因为 $\lim\limits_{x\to-\infty}f(x)=+\infty$，$\lim\limits_{x\to+\infty}f(x)=-\infty$，所以方程有三个根，分别位于 $(-\infty,$ $-\sqrt{k-1})$，$(-\sqrt{k-1},\sqrt{k-1})$ 及 $(\sqrt{k-1},+\infty)$ 内.

(11) 证明：令 $f(x)=x\ln\dfrac{1+x}{1-x}+\cos x-1-\dfrac{x^2}{2}$，$-1<x<1$，因为 $f(-x)=f(x)$，所以函数 $f(x)$ 是一个偶函数，

$$f'(x)=\ln\frac{1+x}{1-x}+\frac{2x}{1-x^2}-\sin x-x,$$

$$f''(x)=\frac{1-x}{1+x}\cdot\frac{1-x+1+x}{(1-x)^2}+\frac{2(1-x^2)+4x^2}{(1-x^2)^2}-\cos x-1$$

$$=\frac{4}{(1-x^2)^2}-\cos x-1\geqslant\frac{4}{(1-x^2)^2}-2>0,0<x<1.$$

所以 $f'(x)$ 在 $(0,1)$ 内单调增加，故 $f'(x)>f'(0)=0$. 进而 $f(x)$ 在 $(0,1)$ 内单调增加，故 $f(x)>f(0)=0$. 即证得 $x\ln\dfrac{1+x}{1-x}+\cos x\geqslant1+\dfrac{x^2}{2}(-1<x<1)$.

(12) **解** 使用分部积分法和换元积分法.

$$f(x)=\int_1^x\frac{\ln(t+1)}{t}\mathrm{d}t,\text{则 }f'(x)=\frac{\ln(x+1)}{x},f(1)=0.$$

$$\int_0^1\frac{f(x)}{\sqrt{x}}\mathrm{d}x=\left[2\sqrt{x}f(x)\right]_0^1-2\int_0^1\sqrt{x}f'(x)\mathrm{d}x=2f(1)-2\int_0^1\frac{\ln(1+x)}{\sqrt{x}}\mathrm{d}x=-4\int_0^1\ln(1+x)\mathrm{d}\sqrt{x}$$

$$=\left[-4\ln(1+x)\sqrt{x}\right]_0^1+4\int_0^1\sqrt{x}\,\mathrm{d}\ln(1+x)=-4\ln2+4\int_0^1\frac{\sqrt{x}}{1+x}\mathrm{d}x$$

$$=-4\ln2+4\int_0^1\frac{t}{1+t^2}2t\,\mathrm{d}t=-4\ln2+8\int_0^1\frac{t^2}{1+t^2}\mathrm{d}t$$

$$=-4\ln2+8\int_0^1\left(1-\frac{1}{1+t^2}\right)\mathrm{d}t=-4\ln2+8(t-\arctan t)_0^1=-4\ln2+8-2\pi.$$

(13) 证明：（Ⅰ）由于 $f(x)$ 在 $[-1,1]$ 上是奇函数，故 $f(-x)=-f(x)$，则 $f(0)=0$. 令 $F(x)=f(x)-x$，则 $F(x)$ 在 $[0,1]$ 上连续，在 $(0,1)$ 可导，并且 $F(1)=f(1)-1=0$，$F(0)=f(0)-0=0$，由罗尔定理，$\exists\xi\in(0,1)$，使得 $F'(\xi)=0$ 即有 $f'(\xi)=1$.

（Ⅱ）由于 $f(x)$ 在 $[-1,1]$ 上是奇函数，则 $f'(x)$ 在 $[-1,1]$ 上是偶函数，所以由（Ⅰ）得 $f'(-\xi)=f'(\xi)=1$. 令 $G(x)=\mathrm{e}^x(f'(x)-1)$，则 $G(x)$ 在 $[-1,1]$ 上连续，在 $(-1,1)$ 内可导，且 $G(\xi)=G(-\xi)=0$，由罗尔定理，存在 $\eta\in(-\xi,\xi)\subset(-1,1)$，使得 $G'(\eta)=0$，即 $f''(\eta)+f'(\eta)=1$.

(14) **解** 先用等价无穷小代换简化分母，然后利用洛必达法则求未定式极限.

$$\lim_{x\to+\infty}\frac{\displaystyle\int_1^x(t^2(\mathrm{e}^{\frac{1}{t}}-1)-t)\mathrm{d}t}{x^2\ln\left(1+\dfrac{1}{x}\right)}=\lim_{x\to+\infty}\frac{\displaystyle\int_1^x(t^2(\mathrm{e}^{\frac{1}{t}}-1)-t)\mathrm{d}t}{x}=\lim_{x\to+\infty}\left(x^2(\mathrm{e}^{\frac{1}{x}}-1)-x\right)$$

$$=\lim_{x\to+\infty}x^2\left(\mathrm{e}^{\frac{1}{x}}-1-\frac{1}{x}\right)=\lim_{t\to0^+}\frac{\mathrm{e}^t-1-t}{t^2}=\lim_{t\to0^+}\frac{\mathrm{e}^t-1}{2t}=\lim_{t\to0^+}\frac{\mathrm{e}^t}{2}=\frac{1}{2}.$$

（15）**解**　在方程两边同时对 x 求导,得到

$$(3y^2 + 2xy + x^2)y' + (y^2 + 2xy) = 0, \tag{1}$$

即　$\dfrac{\mathrm{d}y}{\mathrm{d}x} = \dfrac{-y^2 - 2xy}{3y^2 + 2xy + x^2} = -\dfrac{y(y+2x)}{3y^2 + 2xy + x^2}.$

令 $\dfrac{\mathrm{d}y}{\mathrm{d}x} = 0$ 及 $y^3 + xy^2 + x^2 y + 6 = 0$,得到函数唯一驻点 $x = 1, y = -2.$

在式(1)两边同时对 x 求导,得到

$$(6yy' + 4y + 2xy' + 4x)y' + (3y^2 + 2xy + x^2)y'' + 2y = 0.$$

把 $x = 1, y = -2, y'(1) = 0$ 代入,得到 $y''(1) = \dfrac{4}{9} > 0$,所以函数 $y = f(x)$ 在 $x = 1$ 处取得极小值 $y = -2.$